职业院校智能楼宇专业选修课教材

智能楼宇
视频监控技术

蔡江涛◎主编

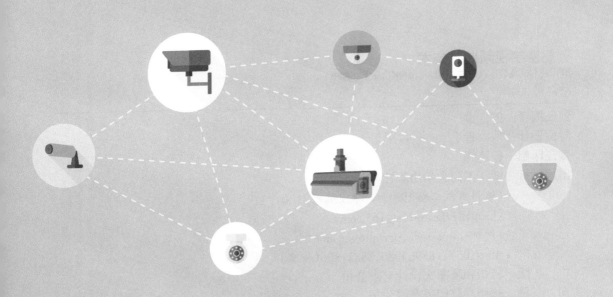

浙江工商大学出版社
ZHEJIANG GONGSHANG UNIVERSITY PRESS
·杭州·

图书在版编目(CIP)数据

智能楼宇视频监控技术 / 蔡江涛主编. —杭州:浙江工商
大学出版社,2020.9(2023.2重印)
ISBN 978-7-5178-3982-8

Ⅰ. ①智… Ⅱ. ①蔡… Ⅲ. ①智能化建筑—视频系统—监视
控制 Ⅳ. ①TN94

中国版本图书馆 CIP 数据核字(2020)第133099号

智能楼宇视频监控技术
ZHINENG LOUYU SHIPIN JIANKONG JISHU
蔡江涛 主编

责任编辑	厉　勇
封面设计	雪　青
责任印制	包建辉
出版发行	浙江工商大学出版社
	(杭州市教工路198号　邮政编码310012)
	(E-mail:zjgsupress@163.com)
	(网址:http://www.zjgsupress.com)
	电话:0571-88904980,88831806(传真)
排　　版	杭州朝曦图文设计有限公司
印　　刷	杭州高腾印务有限公司
开　　本	787mm×1092mm　1/16
印　　张	10.5
字　　数	207千
版 印 次	2020年9月第1版　2023年2月第2次印刷
书　　号	ISBN 978-7-5178-3982-8
定　　价	48.00元

前 言

本书是中等职业技术学校智能楼宇专业安防系列的门禁教材之一,由学校一线教师融合大量教学实践经验编写而成。为适应现代职业教育的特点,体现职业教育"做中学、做中教"的理念,本书采用项目教学,通过现实可行的实训项目,将知识点贯穿于任务过程中。

本书有认识视频监控系统等六个学习项目,每个项目均有项目目标,让学生明确项目学习的内容要求,增强学习的针对性。每个项目都围绕学习任务组织教学,每个学习任务按以下顺序有序展开。

任务情景:通过具体的生活情景,引导学生进入项目知识的学习,激发学习兴趣。

任务准备:将应知内容或应会技能进行归纳、解释或描述,突出学习的重点,为技能实训做好准备。

任务实施:通过大量图表展示完成任务的步骤,可操作性强,培养学生专业技能,渗透职业意识,形成职业能力。

知识拓展:对教学内容进行必要的延伸和补充,进一步拓展学生的知识与技能。

任务评价:为学习效果的综合性评价提供参照,通过评价促进技能规范和学习习惯的养成,提高任务操作的效益,为建立过程性评价体系做好准备。

练一练:通过课上或课下练习,加强对任务内容的巩固,增强学习效果。

本书由舟山职业技术学校蔡江涛主编,金明敏、张杰、张誉耀、陈虞鸿任副主编。编写分工如下:蔡江涛编写项目一、六,金明敏编写项目二,张杰编写项目三,张誉耀编写项目四,陈虞鸿编写项目五并完成统稿。在本书的编写过程中,舟山信晨智能科技有限公司、舟山兴港物业管理有限公司、杭州海康威视数字技术股份有限公司共同参与合作,给予技术上的支持,提出了宝贵的修改意见,为提高本书质量起到很好的作用,在此表示衷心的感谢!

由于编者学识和水平有限,错漏之处在所难免,敬请批评指正。读者意见反馈邮箱cjt4215@163.com。

编 者

2020年5月

目 录

项目一 认识视频监控系统

 项目目标

1. 了解视频监控系统的基本组成。
2. 了解视频监控的发展过程及类型。
3. 了解视频监控系统的主要特点及功能。

 任务情景

视频监控具有悠久的历史,在传统上广泛应用于安防领域,是协助公共安全部门打击犯罪、维持社会安定的重要手段。随着宽带的普及、计算机技术的发展、图像处理技术的提高,视频监控越来越广泛地渗透到教育、政府、娱乐、医疗、酒店、运动等多个领域,如图1-1所示,视频监控在工作和生活中的应用越来越多。视频监控技术结合电子系统或网络系统,能够探测、监视设防区域,实时显示、记录现场图像,检索和显示历史图像等。

图1-1 视频监控在工作和生活中的应用

![任务准备]

一、视频监控系统的基本组成

视频监控系统一般由前端、传输、控制及显示记录四个主要部分组成。前端部分包括一台或多台摄像机,以及与之配套的镜头、云台、防护罩和解码驱动器等;传输部分包括电缆或光缆,以及可能的有线/无线信号调制解调设备等;控制部分主要包括视频切换器、云台镜头控制器、操作键盘、种类控制通信接口、电源和与之配套的控制台、监视器柜等;显示记录设备主要包括监视器、录像机、多画面分割器等。

如图1-2所示,摄像机通过同轴视频电缆、网线、光纤将视频图像传输到控制主机,控制主机再将视频信号分配到各监视器及录像设备,同时可将需要传输的语音信号同步录入录像机内。通过控制主机,操作人员可发出指令,对云台的上、下、左、右的动作进行控制,以及对镜头进行调焦变倍的操作,并可通过控制主机实现在多路摄像机及云台之间的切换。利用特殊的录像处理模式,可对图像进行录入、回放、处理等操作,使录像效果达到最佳。

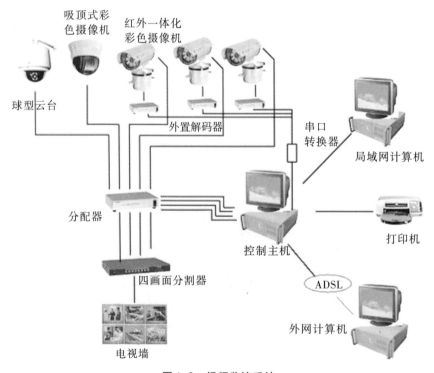

图1-2 视频监控系统

如图1-3所示,视频监控系统网络架构图,由许多视频监控系统单元通过网络组成。

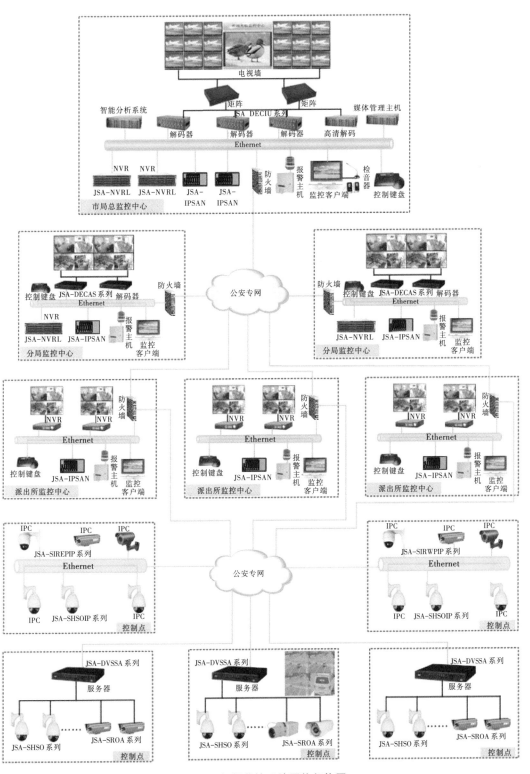

图1-3 视频监控系统网络架构图

二、视频监控系统的组成设备

视频监控系统由实时控制系统、监视系统及管理信息系统组成。实时控制系统完成实时数据采集处理、存储和反馈的功能；监视系统完成对各个监控点的全天候监视，能在多操作控制点上切换多路图像；管理信息系统完成各类所需信息的采集、接收、传输、加工、处理，是整个系统的控制核心。

视频监控系统组成部分包括监控前端、管理中心、监控中心、PC客户端及无线网桥。主要设备包含光端机、光缆终端盒、云台、云台解码器、视频矩阵、硬盘录像机、监控摄像机、镜头、支架等。视频监控系统设备如图1-4所示。

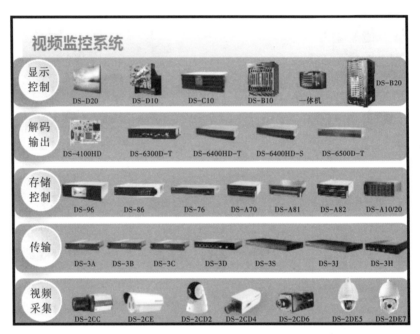

图1-4 视频监控系统设备

1．监控前端

监控前端用于采集被监控点的监控信息，可以配备报警设备。

（1）普通摄像头＋视频服务器

普通摄像头可以是模拟摄像头，也可以是数字摄像头。原始视频信号传到视频服务器，经视频服务器编码后，以TCP/IP协议通过网络传至其他设备。

（2）网络摄像头

网络摄像头是融摄像、视频编码、Web服务于一体的高级摄像设备，内嵌了TCP/IP协议，可以直接连接到网络上。

2. 管理中心

管理中心承担所有前端设备的管理、控制、报警处理、录像、录像回放、用户管理等工作。各部分功能分别由专门的服务器执行。

3. 监控中心

监控中心用于集中对所辖区域进行监控,由电视墙、监控客户终端群组成。系统中可以有一个或多个监控中心。

4. PC客户端

PC客户端在监控中心之外,也可以由PC机连接到网络上进行远程监控。

5. 无线网桥

无线网桥用于接入无线数据网络,并访问互联网。通过无线网桥,可以将IP网上的监控信息传至无线终端,也可以将无线终端的控制指令传给IP网上的视频监控管理系统。常用的无线网络为CDMA网络。

三、视频监控系统类型

1. 联网模式

按照联网工作特点,视频监控系统可以分为两种,一种是本地独立工作型,不支持网络传输、远程网络监控的监控系统。这种视频监控系统通常适用于内部应用,监控端和被监控端都需要固定好地点,早期的视频监控系统普遍是这种类型。另一种既可本地独立工作,也可联网协同工作型,特点是支持远程网络监控,只要有密码有联网计算机,就可以随时随地进行安防监控。

2. 构成模式

根据使用目的、保护范围、信息传输方式、控制方式等的不同,视频监控系统可有多种构成模式。

(1)简单对应模式

监视器和摄像机简单对应。

(2)时序切换模式

视频输出中至少有一路可进行视频图像的时序切换。

(3)矩阵切换模式

可以通过控制键盘,将任意一路前端视频输入信号切换到任意一路输出的监视器上,并可编制各种时序切换程序。

(4)数字视频网络虚拟交换/切换模式

模拟摄像机增加数字编码功能,被称作网络摄像机,数字视频前端也可以是别的数字摄像机。数字交换传输网络可以是以太网和DDN、SDH等传输网络。数字编码设备可采用具有记录功能的DVR或视频服务器,数字视频的处理、控制和记录措施可以在前端、传输和显示的任何环节实施。

3. 技术模式

视频监控系统发展了短短二十几年时间,从模拟监控到数字监控,再到网络视频监控。视频监控系统发展从技术角度看,分为第一代模拟视频监控系统CCTV,第二代基于"PC+多媒体卡"数字视频监控系统DVR,第三代基于IP的网络视频监控系统IPVS。

(1)第一代模拟视频监控系统CCTV

如图1-5(a)、图1-5(b)所示,模拟视频监控系统CCTV又称闭路电视系统,它依赖摄像机线缆、录像机和监视器等专用设备。摄像机通过专用同轴线缆输出视频信号,连接到专用模拟视频设备,如视频画面分割器、矩阵、切换器、卡带式录像机(VCR)及视频监视器等。

模拟视频监控系统CCTV存在问题。

①有限监控能力:只支持本地监控,受到模拟视频线缆传输长度和放大器限制。

②有限扩展性:系统通常受到视频画面分割器、矩阵和切换器输入容量限制。

③录像负载重:用户必须从录像机中取出或更换新录像带保存,且录像带易于丢失、被盗或无意中被擦除。

④录像质量不高是主要限制因素,并且录像质量随拷贝数量增加而降低。

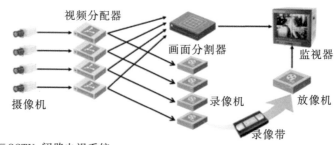

CCTV系统的基本结构

■CCTV:闭路电视系统
■技术:主要是电视技术
■组成:摄像机、监视器、录像机、视频分配器、画面分割器
■功能:监视(监听)、录像、回放等
■线缆:视频线缆(SYV、特性阻抗75 Ω,信号电平1.0 Vp-p最大传输距离500 m)

(a)

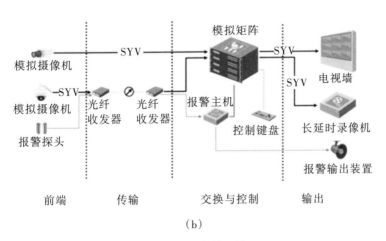

图 1-5　模拟视频监控系统CCTV

（2）第二代基于"PC + 多媒体卡"数字视频监控系统DVR

如图 1-6所示，"模拟–数字"视频监控系统DVR是以数字硬盘录像机DVR为核心半模拟–半数字方案，从摄像机到DVR仍采用同轴缆输出视频信号，通过DVR同时支持录像和回放，并可支持有限IP网络访问。由于DVR产品五花八门，没有标准，所以这一代系统是非标准封闭系统。

"模拟–数字"视频监控系统DVR存在以下问题：

①布线复杂：半模拟–半数字方案仍需要在每个摄像机上安装单独视频缆，导致布线有些复杂。

②有限可扩展性：DVR典型限制是一次最多只能扩展16个摄像机。

③有限可管理性：需要外部服务器和管理软件来控制多个DVR或监控点。

④有限远程监视/控制能力：不能从任意客户机访问任意摄像机，只能通过DVR间接访问摄像机。

⑤磁盘发生故障风险：与RAID和磁带相比，半模拟–半数字方案录像没有保护，容易丢失。

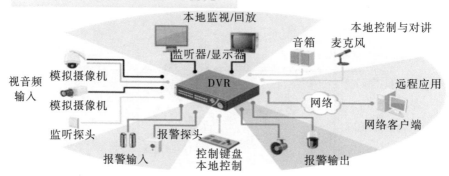

图1-6 "模拟-数字"视频监控系统DVR

(3)第三代基于IP的网络视频监控系统IPVS

如图1-7所示,网络视频监控系统IPVS与前面两种方案相比存在显著区别。该系统优势是摄像机内置Web服务器,并直接提供以太网端口。这些摄像机生成JPEG或MPEG4、H.264数据文件,可供任何经授权客户机从网络中任何位置访问、监视、记录并打印,而不是生成连续模拟视频信号形式的图像。

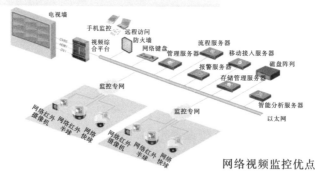

图1-7 网络视频监控系统IPVS

网络视频监控系统IPVS具有下列优势：

①简便性：所有摄像机通过以太网连接到网络中，并利用现有局域网基础设施来传输摄像机输出图像，以及水平、垂直、变倍PTZ等控制命令。

②强大的中心控制：一台标准服务器和一套控制管理应用软件就可运行整个监控系统。

③易于升级与全面可扩展性：轻松添加更多摄像机，中心服务器能够方便升级到更快速处理器、更大容量磁盘驱动器以及更大带宽。

④全面远程监视：经授权的客户机可直接访问任意摄像机，也可通过中央服务器访问监视图像。

⑤坚固的存储器：利用SCSI、RAID以及磁带备份存储技术永久保护监视图像不受硬盘驱动器故障影响。

4. 管理模式

网络视频监控平台，英文全称为Network Video Monitoring Platform，简称NVMP，又称网络视频中心管理系统，英文名为Network Video Center Management System，简称NVCMS，或直接简称为CMS。

网络视频监控平台以网络为载体的视频管理系统，从技术层面来说，分为C/S（Client/Server）架构和B/S（Browser/Server）架构，两个架构所表现的形式不一样，但其核心内容几乎一致，基本架构为视频采集模块→视频传输模块→设备管理/用户管理→用户端。其主要功能如下：

（1）视频采集：利用摄像机进行现场视频采集。

（2）信号转换：由模拟视频转换为数字视频。

（3）数据压缩：将采集到的视频数据经过标准的视频压缩算法，进行数据压缩，目的在于使用更小的空间或网络带宽实现视频数据的应用存储和传输。

（4）数据传输：将压缩后的视频数据通过网络进行传输。

（5）视频还原：将压缩后的视频信息还原成肉眼可识别的视频。

（6）设备管理：服务器通过数据库等技术将设备信息进行管理。

（7）用户管理：服务器通过数据库等技术对用户权限进行管理。

（8）数据分发：分发服务器可以对前端传来的数据进行分发，以节省前端设备的网络资源。

（9）数据存储：主要指视频数据的存储和管理数据的存储。

网络视频监控平台管理根据架构的不同，主要有Web管理和PC客户端软件管理，以及APP萤石云系统管理等。

（10）Web管理：对于B/S架构而言，用户不需要安装特定的客户端软件，只要使用普通的网页浏览器(如IE等)访问服务器地址(通常为域名),使用用户名和密码登录即可获取到设备列表,从而实现远程视频监控。用户可以随时随地使用系统,而无须专门的计算机,甚至手机访问也是非常容易,主要满足用户在异地访问的便利性要求。

(11)客户端软件管理:对于C/S架构而言,用户需要安装特定的客户端软件,使用用户名和密码登录服务器,以获取设备信息,从而实现与设备的连接。一般用在特定的网络或局域网内,一般不连接到互联网,用户也是在特定的计算机上使用。

APP萤石云属于PC客户端软件管理范畴,主要依托智能设备、云的平台和人工智能技术。

 **任务实施**

参观校园或其他单位的视频监控系统,完成表1-1的填写。

表1-1　视频监控系统名称以及类型

序号	门禁系统应用图片	名　称	应用场所及分类
1	教室　4寸红外球机　网线　VGA线　监视器　教学楼、宿舍走廊　点阵红外半球机　交换机　NVR　主要出入口　点阵红外筒机　管理主机　园区/国界/外围道路　红外球机		
2	点阵红外球机　监视器　电脑　校园网　硬盘录像机　交换机　红外球机　VGC分配器　监视器　管理电脑　点阵红外球机　硬盘录像机　监视器　监视器　红外球机		

序号	门禁系统应用图片	名　称	应用场所及分类
3	摄像机(视频输入)　红外探头(报警输入)　平面处理器　警号(报警输出)　监视器(视频输出)　主监视器　从监视器　高速(视频输入)　控制线　控制键盘		
4			
5	监控中心　网络键盘　监控管理终端　显示大屏　图例　视频线　光纤　网线　LAN　平台服务器群　NVR(备份)　核心交换机　视频综合平台　前端子系统　NVR　接入交换机　接入交换机　NVR　光纤收发器　光纤收发器　高清网络球机　高清网络枪机　高清网络球机　高清网络枪机		

续　表

序号	门禁系统应用图片	名　称	应用场所及分类
6			
7			
8			

任务评价

任务评价如表1-2所示。

表1-2　任务评价

评价项目	任务评价内容	分值	自我评价	小组评价	教师评价
职业素养	遵守实训室规程及文明使用实训器材	10			
	按操作流程规定操作	5			

续　表

评价项目	任务评价内容	分值	自我评价	小组评价	教师评价
职业素养	纪律、团队协作	5			
理论知识	认识视频监控系统基本组成	10			
	了解视频监控系统分类	10			
实操技能	参观校园视频监控系统	20			
	掌握各类视频监控系统名称	10			
	掌握视频监控系统分类	30			
总分		100			
个人总结					
小组总评					
教师总评					

练一练

一、填空题

1. 视频监控系统一般由前端、_____、_____和_____等部分组成。前端部分包括一台或多台_____以及与之配套的镜头、云台、防护罩和_____等。

2. 视频监控系统实时控制系统具有完成实时数据_____、_____和_____的功能。

3. 视频监控系统发展从技术角度看,分为第一代_____系统,第二代_____系统,第三代_____系统。

二、简答题

1. 简述视频监控系统的基本组成,以及系统各部分的作用。

2. 简述视频监控系统的类型。

项目二　模拟视频监控系统

 项目目标

1. 了解模拟视频监控系统的组成、类型、性能及应用。
2. 熟练掌握模拟视频监控系统的安装调试方法。
3. 熟练掌握硬盘录像机的参数配置方法。

 任务情景

　　随着现代科学技术的不断发展,模拟视频监控系统已成为建筑综合安保系统中必不可少的一部分。监控系统能对楼内及周边的任何地方进行日、夜实时的监视、防护,保证建筑内的安全和正常运行;对相关工作区所有人员的工作活动进行24小时实时监视,记录相关的数据;在监控中心可以很方便地通过系统的后端控制、显示、记录设备对系统所有监视区域进行实时监视、控制和记录,可以在任意时刻显示任意监视点;可以有选择地实时录制指定或全部监视点的活动数据,可以随时回放、调用记录的监视数据,保证对一些事件处理的合理性;与火灾、报警和消防联动系统构成整个办公楼的安全防范系统。典型的模拟视频监控系统,如图2-1所示。

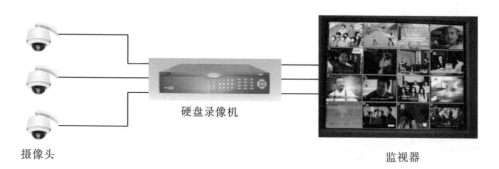

摄像头　　　　　　　　　硬盘录像机　　　　　　　　　　　监视器

图2-1　典型的模拟视频监控系统

任务准备

模拟视频监控系统一般由前端摄像、传输、控制、显示与记录等这几个主要部分组成,如图2-2所示。

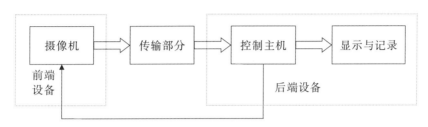

图2-2 模拟视频监控系统的组成

一、监控摄像机

1. 监控摄像机的特点及原理

在视频监控系统中,摄像机又称摄像头或CCD(Charge Coupled Device),即电荷耦合器件。严格说来,摄像机是摄像头和镜头的总称。

摄像头的主要传感部件是CCD,它具有灵敏度高、畸变小、寿命长、抗振动、抗磁场、体积小、无残影等特点,它能将光线变为电荷并可将电荷储存和转移,也可将储存之电荷取出使电压发生变化,因此它是理想的摄像元件。

CCD的工作原理:被摄物体反射光线传播到镜头,经镜头聚集到CCD芯片上,CCD根据光的强弱积聚相应的电荷,经周期性放电,产生一幅幅表示电信号的画面。经过滤波和放大处理,通过摄像头的输出端子输出一个标准的复合视频信号。这个标准的视频信号同家用的录像机、VCD机、家用摄像机的视频输出是一样的,所以也可以录像或接到电视机上观看。

2. 监控摄像机的分类

根据所应用的技术、应用场合等不同的条件,监控摄像机可以划分为很多不同的类型,摄像机按功能大致分为枪型摄像机、半球型摄像机、云台摄像机、一体化球型摄像机、网络摄像机等几类,如图2-3所示。常用监控摄像机的分类、特点及用途,如表2-1所示。

枪型摄像机

半球型摄像机

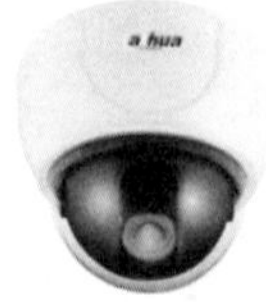

云台摄像机

一体化球型摄像机

网络摄像机

图 2-3　常用监控摄像机

表 2-1　常用监控摄像机的分类、特点及用途

分　类	特　点	用　途
枪型摄像机	价格便宜,其监控位置固定,只能正对某监控位置,所以监控方位有限。其一般都是手动变焦,电动的极少。枪型摄像机一般内置红外灯板,从而达到夜视的需求	主要用在特殊领域和高端领域,如银行、超市、马路等地方
半球型摄像机	具有一定的隐蔽性,同时外形小巧、美观、重量轻、不受磁场影响、具有抗振动和撞击性能	吸顶式安装,比较适合办公场所以及装修档次高的场所使用
云台摄像机	云台摄像机带有承载摄像机进行水平和垂直两个方向转动的装置,把摄像机装云台上能使摄像机从多个角度进行摄像。云台内装两个电动机,水平及垂直转动的角度大小可通过限位开关进行调整	适用任何需要全方位监控的场所
一体化球型摄像机	集成了云台系统、通信系统及摄像机系统,具有运转速度快、光学变焦、定位准确、控制灵活等特点	广泛应用于全天候、大范围高速监控的场所,最适合目标跟踪和巡航
网络摄像机	内置Web,使用一台PC上的尺度Web浏览器,就能够管理和查看图像。同时,网络摄像机还能够实现远程管理和图像查看,并将图像资料存在远程的硬盘上;可以进行远程管理,如录像设置、云台控制、报警设置、双向对讲、进级治理等功能	广泛应用于教育、商业、医疗、公共事业等需要远程管理的领域

3. 监控摄像机的技术参数

(1)CCD芯片的尺寸。CCD的成像尺寸常用的有1/2′,1/3′,1/4′等,成像尺寸越小的摄像机体积可以做得更小些。在相同的光学镜头下,成像尺寸越大,视场角就越大。

(2)分辨率。监控摄像机分辨率主要指水平分辨率,其单位为线对,即成像后可以分辨的黑白线对的数目。常用的黑白摄像机的分辨率一般为420—650,彩色为380—530,其数值越大成像越清晰。一般的监视场合,用420线左右的黑白/彩色摄像机就可以满足要求了。而对于医疗、图像处理等特殊场合,用600线的摄像机能得到更清晰的图像。

(3)成像灵敏度(照度)。通常用最低环境照度要求来表明摄像机灵敏度,黑白摄像机的灵敏度是0.02—0.5 Lux(勒克斯),彩色摄像机多在1 Lux以上。0.1 Lux的摄像机用于普通的监视场合;在夜间或环境光线较弱时,推荐使用0.02 Lux的摄像机。与近红外灯配合使用时,也必须使用低照度的摄像机。

(4)电子快门。电子快门的成像时间在1/50—1/100000s之间,摄像机的电子快门一般设置为自动电子快门方式,可根据环境的亮暗自动调节快门时间,得到清晰的图像。有些摄像机允许用户自行手动调节快门时间,以适应某些特殊应用场合。

二、模拟视频监控的传输系统

由前端摄像机摄取的视频电视信号、监听探测器拾取的声音信号、报警探测器发出的报警信号、主控设备向前端设备传送的控制信号以及供电电源等,都要通过一定的传输媒体进行传送。承担传输的媒体可归结为两类:无线和有线。视频监控系统一般采用有线传输方式。基于有线传输方式的传输系统有双绞线缆传输系统、同轴电缆传输系统、光纤传输系统等。

1. 双绞线缆传输系统

双绞线传输设备在视频监控系统中采用得比较少。然而若监控系统采用综合布线方式,且在建筑物内部已按 EIA/TIA-568 综合布线标准铺设大量的双绞线;并在各相关房间内留有 RJ-11/45 等接口时,那么视/音频信号及控制数据都将通过已铺设的双绞线来传输。由于双绞线传输设备本身具有视频放大的作用,所以也适合长距离的信号传输。

2. 同轴电缆传输系统

同轴电缆是由一层层的绝缘线包裹着中央铜导体的电缆线。它的特点是抗干扰能力好,传输数据稳定,价格便宜,被广泛使用,如闭路电视线等。同轴电缆用来和BNC头相连,如图2-4所示。在工程实际中,为了延长传输距离,要使用同轴放大器。同轴放大器对视频信号具有一定的放大作用,并且还能通过均衡调整对不同频率成分分别进行不同大小的补偿,以使接收端输出的视频信号失真尽量减小。在监控系统中使用同轴电缆时,为了保证有较好的图像质量,一般将传输距离范围限制在400—500 m。

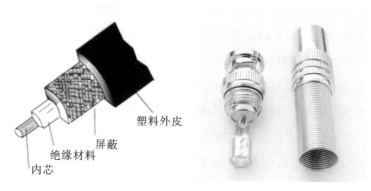

塑料外皮
屏蔽
绝缘材料
内芯

图 2-4　同轴电缆与 BNC 接头

3. 光纤传输系统

光纤传输就是以光导纤维为传输媒介、以光波为载波进行信息传输的方式。光纤（Fiber Optic Cable）以光脉冲的形式来传输信号，它由纤维芯、包层和保护套组成。根据光信号发生方式的不同，光纤可分为单模光纤和多模光纤。所谓"模"，就是指以一定的角度进入光纤的一束光线。光纤结构如图 2-5 所示。

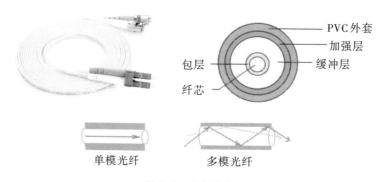

PVC 外套
加强层
缓冲层
包层
纤芯

单模光纤　　　　多模光纤

图 2-5　光纤结构

多模光纤一般被用于同一办公楼或距离相对较近的区域内的网络连接。而单模光纤传递数据的质量更高，传输距离更长，可达 10—20 km，通常被用来连接办公楼之间或地理分散更广的视频传输网络。如果使用光纤光缆作为视频传输介质，还需增加光端收发器等设备。光纤传输系统如图 2-6 所示。

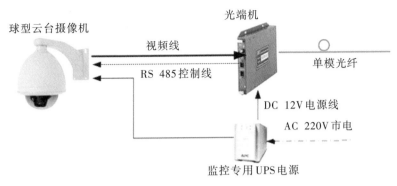

图2-6　光纤传输系统

光纤传输系统最大的特点就是传导的是光信号,因此不受外界电磁信号的干扰,信号的衰减速度很慢,所以信号的传输距离比以上传送电信号的各种电缆、网线要远得多,并且特别适用于电磁环境恶劣的地方。几种传输系统的比较如表2-2所示。

表2-2　几种传输系统的比较

	双绞线系统	同轴电缆系统	光纤系统
综合布线	布线简单,无须专业人员	布线困难,容易老化	布线困难,需专业人士
分支接线	可分支用电话接线端子	不能有接点,一点一线	不能有接点,一点一纤
一条线传输多路视频	一条线可传输4路视频	只能传输一路视频	能传输多路视频
线管 线材 成本	低	较高	昂贵
施工成本	低	较高	昂贵
传输距离	1.2 km	0.3 km	2—100 km
抗干扰能力	消除电源、磁场、脉冲、电场	较差	好
受气候变化影响	很小	图像质量受较大影响	很小

三、硬盘录像机

1. 硬盘录像机的特点及功能

硬盘录像机(Digital Video Recorder,简称DVR),即数字视频录像机,相对于传统的模拟视频录像机,采用硬盘录像,故常被称为硬盘录像机,也被称为DVR。

硬盘录像机能将前端设备采集到的视频信号存储在录像机的硬盘内,并能随时调取。硬盘录像机的主输出口具有画面分割功能。硬盘录像机还是向前端云台和摄像头发出控制信号的控制主机。

硬盘录像机具有存储和控制等功能,是视频信号的存储设备和控制信号的发射设备,是模拟监控系统的核心设备。

硬盘录像机具有录像功能、录音功能、监视功能、回放功能、报警功能、控制功能、网络密码授权功能等。

2. 硬盘录像机的分类

广义的硬盘录像机从结构上主要分为基于PC插卡的工控计算机和以DSP+MPU为核心的嵌入式硬盘录象机。

监控用工控计算机通过安装视频管理软件和视频采集卡,能够实现同嵌入式硬盘录像机相同的存储和控制功能,如图2-7所示。监控用工控机配合视频采集卡进行远端监控点图像采集,通过软件解码方式在显示器上呈现各监控点图像,并向前端设备发送控制信号。

工控机方式的监控系统,受限于视频采集卡的插槽数及采集卡上视频端子的数量,一般用于小规模本地监控。

图2-7　工控计算机及视频采集卡

嵌入式DVR就是基于嵌入式处理器和嵌入式实时操作系统的嵌入式系统,它采用专用芯片对图像进行压缩及解压回放,嵌入式操作系统主要完成整机的控制及管理。DVR采用的是数字记录技术,在图像处理、图像储存、检索、备份以及网络传递、远程控制等方面也远优于模拟监控设备,DVR代表了视频监控系统的发展方向,是目前视频监控系统的首选产品。嵌入式硬盘录像机及工作原理如图2-8所示。

（a）

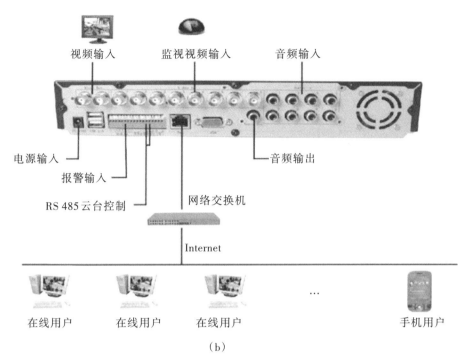

图 2-8　嵌入式硬盘录像机及工作原理

四、云台解码器

云台解码器是把控制摄像机镜头和云台等功能的数码信号转换成可控制电信号的设备,使用很广泛。

通常情况下,它有这样几个别名:云台解码器、云镜解码器(云台镜头解码器)。

云台解码器,图 2-9 指的是云台及镜头控制器。一般情况是镜头(摄像机)安装在云台上,云台可以上、下、左、右转动,镜头可以实现拉近、拉远(变焦)、聚焦、改变光圈大小等操作。控制这些动作的设备称为云镜控制器,也叫解码器。再配上控制键盘等控制设备,可以控制更多的云台设备,配合监示器组成一个简单的监控系统。随着发展,解码器可以放入云台内部(内置解码器),与控制设备的接口一般为 RS 485,常用的通信协议有 PELCO-D、PELCO-P、AD/AB、YAAN 等。

图 2-9　云台解码器

解码器需要设定地址位、波特率及协议3个参数,才能控制云台的转动。同时要安装正确的接线方法(图2-10),将控制线电源线接好。

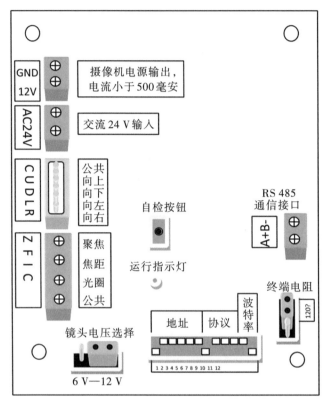

图2-10　解码器板接线示意图

在解码器中,采用拨码的开和关表示二进制数的0和1进行解码器地址、通信协议和波特率的设置。编码开关分为三组:第1—6共6位为地址设置,第7—10共4位为协议设置,第11、12两位为波特率设置。

1. 地址设置

在同一系统中,每一个解码器都有自己唯一的地址码供系统识别,安装的解码器的地址和前端设备的号码要设定成一样的。系统的地址一般是从1开始的,但有些系统地址码是从0开始的,要特别注意。

地址号码的换算方法:拨码在上为ON表示0、拨码在下为OFF表示1,如表2-3所示。

表2-3　地址号码的换算方法

代数表达式	A	B	C	D	E	F
拨码开关序号	1	2	3	4	5	6
代表的数值	1	2	4	8	16	32

要计算地址值用代数表达式则为：

地址号 = A + B + C + D + E + F。

假设某机的开关全部拨在下面的位置，则表示此机的地址号为63。

地址号 = A + B + C + D + E + F=1 + 2 + 4 + 8 + 16 + 32=63。

2. 波特率设置

波特率的设置是为了使解码器与控制设备之间有相同的数据传输速度，波特率选择不正确，解码器将无法正常工作。波特率设置方式如表2-4所示。

表2-4　波特率设置方式

波特率开关	波特率	波特率开关	波特率
11　12		11　12	
	1200		4800
	2400		9600

3. 协议设置

在解码器中，每一种协议均有自己的通信速度（波特率）。解码器协议设定拨码配置如表2-5所示。

表2-5　解码器协议设定拨码配置表

序号	协议开关	通信协议	波特率
	7　8　9　10		
01		PELCO-D	2400
02		PELCON-SPECTRT	9600（PICO）
03		PELCON	2400（PICASO）
04		PELCO-P	9600
05		AV2000	9600

序号	协议开关	通信协议	波特率
06		POLCO-D	2400普通型
07		KRE-301	9600
08		CCR-20G	4800
09		PELCO-D	2400（VGUARD）
10		LILIN	9600
11		KALATEL	4800
12			
13			
14		Panasonic	9600
15		RM110	9600
16		YAAN	4800

五、显示器

显示器用于将采集到的监控图像显示出来。广义的显示器分为工业监视器、民用显示器和拼接屏等。监视器和普通显示器的区别在于：监视器主要用于监控设备，内部结构是工业级的，更适合于长时间不间断工作，并且画面刷新率和分辨率都比显示器要高。简单的区别方法是：监视器都有 BNC 接头，而显示器则没有。常用而视频监控显示器，如图 2-11 所示。

CTR 监视器

液晶监视器

液晶拼接墙

图 2-11 常用视频监控显示器

 任务实施一:模拟视频监控系统的安装

一、器件及材料准备

器件及材料准备,如表 2-6 所示。

表 2-6 器件及材料准备

序号	名 称	型号或规格	图 片	数 量	备注
1	筒型摄像机	海康威视		1台	
2	半球摄像机	海康威视		1台	
3	球型摄像机	海康威视		1台	
4	云台摄像机	海康威视		1台	

序号	名　称	型号或规格	图　片	数　量	备注
5	云台解码器	lilin		1台	
6	硬盘录像机	海康威视		1台	
7	硬盘	1T		1块	
8	显示器	液晶显示器		1台	
9	电源UPS			1套	
10	同轴电缆			根据数量确定	
11	BNC接头			若干	
12	USB鼠标			1个	
13	螺丝刀			1把	
14	电源导线			若干	

二、设备安装

1. 硬盘录像机安装硬盘

（1）拧开机箱背部和侧面的螺丝，取下盖板，如图2-12所示。

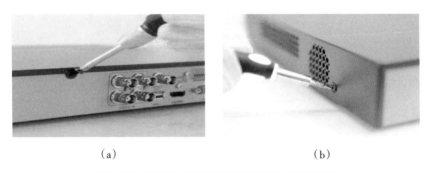

（a）　　　　　　　　　　　　　　（b）

图2-12　拧开机箱背部和侧面的螺丝，取下盖板

（2）将硬盘录像机机箱侧立，对准硬盘螺纹口与机箱底部预留孔，用螺丝将硬盘固定，如图2-13所示。

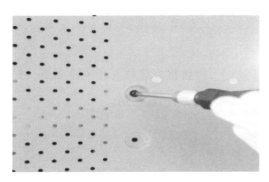

图2-13　用螺丝将硬盘固定

(3)将硬盘数据线一端连接在主板上,另一端连接在硬盘上。如图2-14所示。

（a）　　　　　　　　　　　　　　　　（b）

图2-14　将硬盘数据线一端连接在主板上,另一端连接在硬盘上

(4)将电源线一端连接在主板上,另一端连接在硬盘上。如图2-15所示。

（a）　　　　　　　　　　　　　　　　（b）

图2-15　将电源线一端连接在主板上,另一端连接在硬盘上

(5)盖好机箱盖板,并将盖板用螺丝固定。

2. 摄像机安装

(1)在满足监视目标视场范围要求的条件下,其安装高度:室内离地不宜低于2.5 m,室外离地不宜低于3.5 m。

（2）摄像机及其配套装置，如防护罩、支架等，应安装牢固，运转灵活，注意防破坏，并与周边环境相协调。

（3）在强电磁干扰的环境下，摄像机安装应与地绝缘隔离。信号线和电源线应分别引入，外露部分用软管保护，并不影响云台的转动。

3.云台、解码器安装

（1）云台的安装应牢固，转动时无晃动。

（2）检查云台的转动角度范围是否满足要求。

（3）解码器应安装在云台附近或吊顶内（但必须留有检修孔）。

4.控制、显示设备安装

（1）硬盘录像机的安装位置应符合设计要求，平稳牢固、便于操作和维护。

（2）显示设备的安装应平稳，避免外来光直射。

三、系统接线

所有线缆应根据设备安装位置设置电缆槽和进线孔，排列、捆扎整齐，编号，并有永久性标志。设备连接接线图，如图2-16所示。

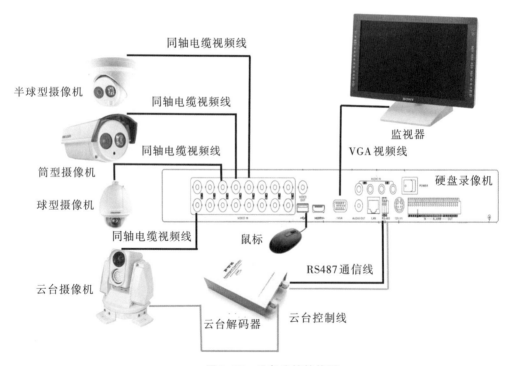

图2-16　设备连接接线图

四、通电检查

（1）检查硬盘录像机电源、工作指示灯是否正常。

（2）检查各摄像机的电源指示灯是否正常。

任务实施二：模拟视频监控系统的调试

硬盘录像机设备启动后，需要进行相关参数配置，才能使设备正常工作。

一、权限认证

（1）输入管理员密码。管理员密码出厂默认密码为"12345"。若不修改管理员密码，输入密码后，直接单击"下一步"。

（2）选择"修改管理员密码"，界面如图2-17所示。

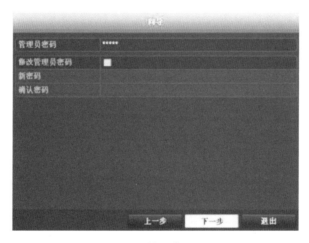

图2-17　修改密码界面

（3）输入新密码与"确认密码"。

（4）单击"下一步"。

二、系统时间配置

（1）设置所在"时区""日期显示格式""系统日期"和"系统时间"，如图2-18所示。

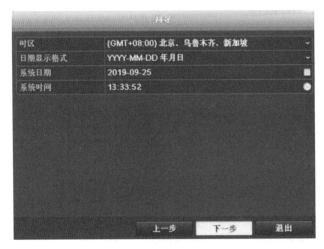

图2-18　系统时间配置界面

（2）完成系统时间配置后，单击"下一步"。

三、网络配置

现在有很多摄像头都是用网络连接的，对应的摄像头都有自己的IP地址。所以硬盘录像机的网络设置就显得尤为重要。

（1）进入硬盘录像机网络设置界面，设置"工作模式""网卡类型""IPv4地址""IPv4默认网关"等网络参数，如图2-19所示。

图2-19　网络配置界面

（2）单击"下一步"。

四、硬盘初始化

（1）选择需要初始化的硬盘，如图2-20所示。

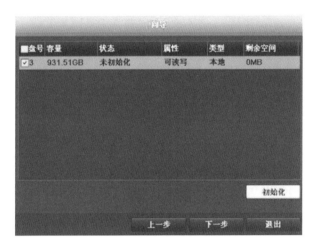

图2-20　硬盘初始化界面

（2）单击"初始化"，进入硬盘初始化界面。

（3）完成初始化操作。

五、模拟通道配置

为了方便对多通道画面的监控，我们需要在录像机界面中配置好模拟通道的名称。点击右键进入录像机的菜单选择界面。然后点击"通道管理"，并进入通道配置界面，选中默认的通道名称就可以进行设置了。

具体的设置方法如下：

（1）录像机界面中点击鼠标右键，在弹出的选项中选择"主菜单"按钮进入，如图2-21所示。

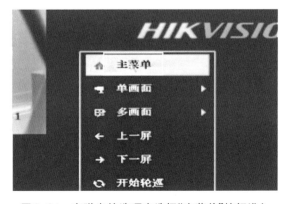

图2-21　在弹出的选项中选择"主菜单"按钮进入

智能楼宇视频监控技术

（2）在出现的主菜单界面中点击"通道管理"进入，如图2-22所示。

图2-22　点击"通道管理"进入

（3）页面跳转以后，点击左侧导航栏的"OSD配置"进入，如图2-23所示。

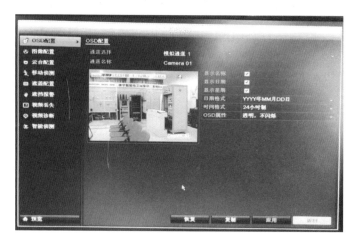

图2-23　模拟通道参数配置

（4）在"通道名称"的输入框内输入需要命名的通道，点击下面的"应用"按钮保存刚才的设置，就完成该通道名称的设置了。如将CAMERA01修改为通道一，如图2-24所示。

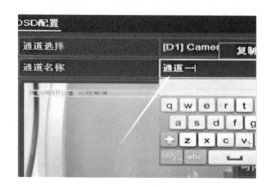

图2-24　通道名称修改

六、录像配置

1. 录像计划配置

录像机中可以针对各个通道设置录像存储计划,也就是使用者可以根据实际需要,在录像机中设置在某时间段或者某事件触发时开始存储录像,从而合理利用监控资源,充分利用有限的硬盘空间达到最长存储时间。设备提供绘图法、编辑法两种方法配置录像计划,本章节以绘图法的配置方法为例进行介绍。

(1)选择"主菜单→录像配置→计划配置"。

进入"录像计划"界面,如图2-25所示。

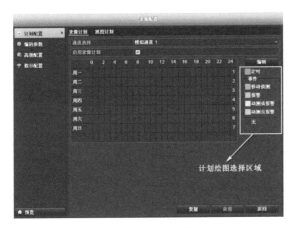

图2-25　"录像计划"配置

(2)在右侧的计划绘图选择区域(已用蓝色框体备注),用户根据录像需求,单击"定时""移动侦测""报警"等选项进行绘图配置。注意:一天最多支持8个时间段(不同颜色的区域),超过上限操作无效。绘图区域最小单元为1小时,如图2-26所示。

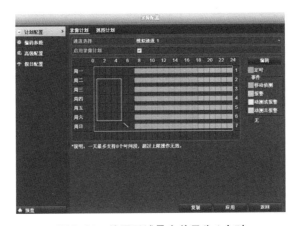

图2-26　绘图区域最小单元为1小时

（3）重复以上步骤，设置完整的录像计划，如图2-27所示。

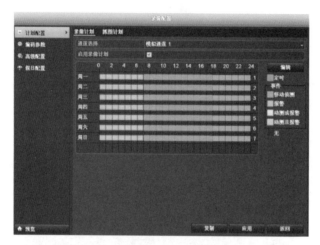

图2-27 "录像计划"设置完成界面

2. 编码参数配置

在编码参数配置界面，我们可以对视频压缩参数、码流类型、分辨率、视频质量等录像参数进行配置，以满足我们视频监控的要求。

其具体操作步骤如下：

（1）选择"主菜单→录像配置→编码参数"。

进入编码参数的"录像参数"界面，如图2-28所示。

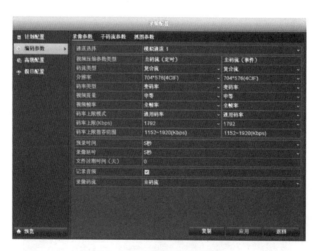

图2-28 "录像参数"界面

（2）设置录像参数，具体参数说明如表2-7所示。

表2-7 录像参数说明

参数名称	参数说明	参数设置
通道选择	选择要设置录像参数的通道	通过下拉框选择
视频压缩参数类型	视频压缩参数类型分主码流(定时)与主码流(事件) 主码流(定时):普通录像的编码参数 主码流(事件):移动侦测、报警输入事件发生时的编码参数	通过下拉框选择
码流类型	码流类型分复合流和视频流两种 复合流:录像信息包含视频和音频 视频流:录像信息仅包含视频信息	通过下拉框选择
分辨率	分辨率是图像的精密度,单位长度内包含的像素点的数量。可选择的设置项有:4CIF、2CIF、CIF、QCIF等	通过下拉框选择
码率类型	码流类型分变码率和定码率两种 变码率:码率会根据场景变化,图像质量6级可调 定码率:码率尽量按照码率上限编码,图像质量不可调	通过下拉框选择
视频质量	可选择的设置项有最高、较高、中等、低、较低、最低 注意:变码率模式下才能设置	通过下拉框选择
视频帧率	视频帧率指每秒的视频帧数,是用于测量显示帧数的量度	通过下拉框选择 单位:fps,取值范围:1/16—25/30 fps(全帧率)可选。默认值:全帧率
码率上限模式	码率上限模式分通用码率与自定义 通用码率:系统提供固定数值的参数 自定义:用户输入码率的数值	通过下拉框选择
码率上限(Kbps)	码率上限(Kbps)是指编码理论最大码率,录像编码的参考数值	通过下拉框选择 可选择的设置项有: 32—8192 Kbps
码率上限推荐范围	参考界面	根据用户设定的分辨率与帧率,推荐合适的参考码率上限范围
预录时间	事件报警前,事件录像的预录时间	通过下拉框选择 取值范围:0—30 s,或最大
录像延时	事件结束后延时事件录像的时间	通过下拉框选择 取值范围:0—600 s,有7档可选

参数名称	参数说明	参数设置
录像过期时间	硬盘内文件最长保存时间,超过这个时间将被强制删除	通过下拉框选择 取值范围:0—750天
记录音频	用于设置录像时是否记录音频	通过复选框钩选默认值:钩选记录音频 钩选记录音频时,请确认将码率类型选择为"复合流"
录像码流	用于设置主码流或子码流的数据(录像)	存储在硬盘中 主码流与子码流可选默认值:主码流

注意:如果开启事件(移动侦测或报警输入等),录像码流将切换到事件参数。若需要与定时相同的图像效果,请保证定时和事件参数完全一致。

(3)单击"应用",保存设置。

七、云台参数设置

控制模拟通道的球机或云台前,请先确认云台解码器与硬盘录像机间的RS 485控制线连接正确,并获取云台解码器的参数。

(1)选择"主菜单→通道管理→云台配置"。

进入"云台配置"界面,如图2-29所示。

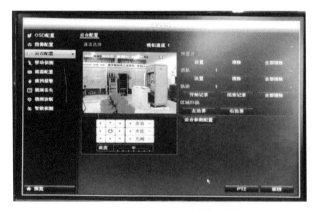

图2-29 "云台配置"界面

(2)设置通道的云台参数。单击"485设置",设置通道云台485配置参数,如图2-30所示。

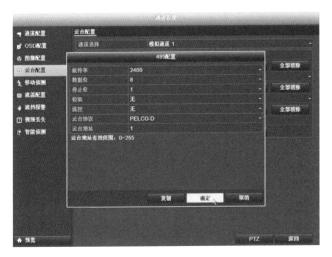

图 2-30　云台 485 配置参数

模拟通道所有参数(波特率、数据位、停止位、校验、流控、解码器类型、解码器地址)应与云台解码器参数一致。IP通道的云台协议,云台地址应与云台解码器参数一致。

(2)单击"确定",保存设置。

八、视频预览参数设置

在"预览配置"界面可以设置预览显示模式、通道显示顺序与轮巡切换时间等参数。

1. 选择"主菜单→系统配置→预览配置"。

进入"预览配置"界面,如图 2-31 所示。

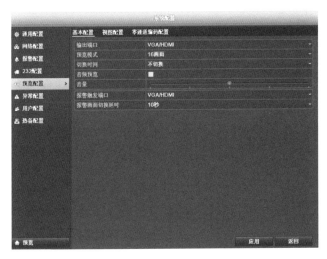

图 2-31　"预览配置"界面

2. 选择输出端口,设置预览的画面分割模式。

3. 设置通道预览显示顺序。

(1)选择"视图配置"属性页。

(2)单击右侧区域选中A1(标注蓝1),使其处于选中状态,如图2-32所示。

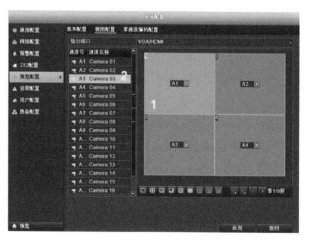

图2-32　"视图配置"界面

(3)移动鼠标选择左侧的A3(标注蓝2),并双击A3。此时第三窗口自动变成X。

(4)单击右侧区域第三窗口(标注蓝3),使其处于选中状态。

(5)移动鼠标选择左侧的A1(标注蓝4),并双击A1。完成A1与A3的显示位置交换,如图2-33所示。

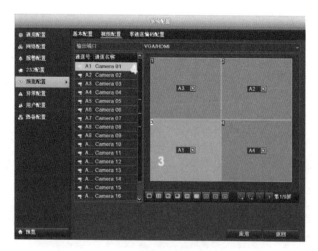

图2-33　通道预览显示顺序交换成功界面

注意:如果需要开启预览自动轮巡功能,则需在"切换时间"上选择轮巡时间间隔,可选择的设置项有：不切换、5秒、10秒、20秒、30秒、60秒、120秒和300秒。

预览模式是画面在预览输出时显示的图像分割模式。可选择的设置项有：1画面、4画面、6画面、8画面、9画面、16画面、25画面、32画面和36画面。

 **思考一下**

某商场计划在工作时间进行无间断录像，在工作时间外只进行移动侦测录像，如表2-8所示。

表2-8　某商场录像计划

录像计划	定时录像	移动侦测录像
星期一至星期五	7:00—18:00	其他时段
星期六至星期日	6:00—22:00	其他时段

请根据商场计划，完成录像计划的配置。

 **任务评价**

任务评价如表2-9所示。

表2-9　任务评价表

评价项目	任务评价内容	分值	自我评价	小组评价	教师评价
职业素养	遵守实训室规程及文明使用实训器材	10			
	按操作流程规定操作	5			
	纪律、团队协作	5			
理论知识	认识硬盘录像机、各类摄像机	10			
	认识系统接线图	10			
实操技能	系统接线正确	20			
	硬盘录像机参数配置正确	10			
	系统调试成功	30			

续表

评价项目	任务评价内容	分值	自我评价	小组评价	教师评价
总分		100			
个人总结					
小组总评					
教师总评					

练一练

一、填空题

1. 视频监控系统主要功能是_____、_____、_____。

2. 视频监控系统根据传输信号不同,可以分为_____监控系统和_____监控系统。

3. 视频监控系统前端设备主要包括_____、_____、_____、_____等。

4. 一般CCD摄像机的电源直流电压是_____,交流电压是_____。

5. 视频监控使用的摄像机分别有_____,_____,_____、_____、_____等。

6. 云台是承载摄像机进行_____和_____两个方向转动的装置,通信接口主要为_____。

7. 模拟摄像机通过_____传输视频信号。

8. 云台解码器的波特率有_____、_____、_____、_____。

9. 视频监控系统中DVR是_____。

10. 硬盘录像机储存满后,新的录像存档会_____较早的存档。

二、选择题

1. (　　)能够保护设备防水、防尘,甚至有防冻保温功能。

　　A. 摄像机　　　　B. 摄像机机罩　　　　C. 设备机柜　　　　D. 电磁柜

2. RS 485控制线有几根。(　　)

　　A. 1　　　　B. 2　　　　C. 3　　　　D. 4

3. 硬盘录像机使用(　　)储存录像。

　　　A. U盘　　　　　　　　B. 光盘　　　　　　　　C. SATA盘　　　　　　　D. 软盘

4. 视频干扰较强或者传输距离较远,使用(　　)传输能够保证视频质量。

　　　A. 电话线　　　　　　　B. 光纤　　　　　　　　C. 视频线　　　　　D. 双绞线

5. 一般室内监控使用(　　)。

　　　A. 枪机　　　　　　　　B. 球机　　　　　　　　C. 半球机　　　　　D. 云台摄像机

6. 高速球是(　　)一体的。

　　　A. 电源跟控制线　　　　B. 云台跟摄像机　　　　C. 云台跟显示器

7. 监控画面偏黑、明灭不定,一般是(　　)问题。

　　　A. 视频线破损　　　　　B. 电源不稳定　　　　　C. 环境光照问题

8. 镜头的光圈直径与镜头焦距之比,数值越小,光圈越大,透过的光线(　　)。

　　　A. 越大　　　　　　　　B. 越小　　　　　　　　C. 没变化

三、简答题

1. 摄像机的作用是什么? 有几种类型的摄像机?

2. 视频监控系统传输介质的分类有哪些?

3. 硬盘录像机的接口有哪些?

项目三　数字视频监控系统

 项目目标

1. 了解数字式网络摄像机的类型、性能及应用。
2. 掌握各数字式网络摄像机的安装调试方法。
3. 掌握网络硬盘录像机的安装调试方法。
4. 掌握网络硬盘录像机的配置方法。

任务情景

目前随着摄像机的普及,小区、商场、学校、医院等公共区域或私人区域都布有摄像头。摄像机的发展趋势也越来越网络化,出现了网络硬盘录像机、网络交换机、网络球机、网络筒机等网络摄像监控设备,如图3-1所示。

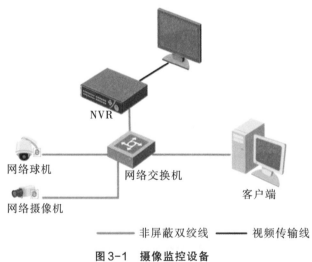

图3-1　摄像监控设备

任务准备

一、网络摄像球机

智能球是集网络远程监控功能、视频服务器功能和高清智能球功能为一体的新型网络智能球。其安装方便、使用简单,不需要烦琐的综合布线。智能球内置小型 Web Server 服务器、网络视频服务器、解码器及机芯,性能稳定可靠。智能球除具有预置点、扫描等基础功能外,还基于以太网控制,可实现图像压缩,并通过网络传输给不同用户;基于 NAS 的远程集中存储,可大大方便数据的存储及调用。智能球支持动态调整编码参数,包括 TCP/IP、PPPoE、DHCP、UDP、MCAST、FTP、SNMP 等协议;支持 ONVIF、CGI、PSIA 等开放互联协议。智能球内置云台采用精密电机驱动,设备反应灵敏、运转平稳,实现图像无抖动。可以通过浏览器控制智能球并通过浏览器设置智能球参数,如系统参数设置、OSD 显示设置、巡航路径设置等参数;通过浏览器配置还可实现人脸侦测、越界侦测、区域入侵侦测、车辆检测等智能功能。智能球因其特性,可广泛应用于需要大范围高清监控的场所,如:河流、森林、公路、铁路、机场、港口、油田、岗哨、广场、公园、景区、街道、车站、大型场馆、商场、小区外围等场所。

网络摄像球机(图3-2)具有以下功能:

(1)扫描功能。智能球支持多种扫描方式,包括自动扫描、垂直扫描、帧扫描、随机扫描、巡航扫描、花样扫描和全景扫描等。

(2)预置点功能。智能球支持多个预置点的设置,每个预置点包含云台水平位置、垂直位置、镜头变倍等参数信息,通过控制键盘、NVR 或客户端等方式可设置和调用预置点。

预置点视频冻结功能开启后,在调用预置点时,当智能球到达目标预置点方位之前,视频图像将停留在调用预置点之前的状态。

(3)录像及抓图功能。智能球支持录像及抓图功能。当智能球开启守望功能,且一段时间内没有控制信号到来时,如果有预设的自动运行动作,智能球将自动执行该动作。

(4)比例变倍自动调整。智能球比例变倍时,水平和垂直方位的速度将自动随着变倍倍率的变化而变化。当倍率增大时,智能球移动速度自动变慢;当倍率减小时,智能球移动速度自动变快。比例变倍可确保获得较好的物体跟踪效果。

(5)背光补偿或宽动态功能。当打开背光补偿功能时,在强光背景下,智能球将自动调节较暗的目标,使目标画面清晰可见。当打开宽动态时,智能球自动平衡监控画面中最亮和最暗部分的画面,以便看到更多监控画面细节。

（6）智能运动跟踪功能：智能球能自动检测场景中的运动目标，并能自动调整焦距和位置，使目标始终以预定尺寸处于视野的中心，得到目标的完整信息。这是一种主动的监控方式，增强了智能球的实际应用。

图3-2　网络摄像球机

二、全景特写摄像机

全景特写摄像机集网络远程监控功能、视频服务器功能和高清摄像机功能为一体，安装方便、使用简单，不需要进行烦琐的综合布线。全景球机可同时提供全景与特写画面，兼顾全景与细节；摄像机含多个配置通道，第1通道为细节通道，其他通道为全景通道。一体化机芯在全景监控的同时提供快速细节定位功能。产品实现了大范围覆盖监控，并可通过3D定位机制将细节放大；具有全景联动功能，通过全景全方位监控，联动细节通道锁定感兴趣区域监控。可以通过浏览器控制设备，并通过浏览器设置设备参数，如系统参数设置、OSD显示设置、PTZ基本设置等参数；通过浏览器还可以实现全景联动；等等。摄像机定焦镜头角度可调节，可广泛用于园区监控、道路岔口、室内T型走廊、广场、仓库等室内外监控场景。性价比超高，可节省布线、电源、路由器等配件成本，降低施工布线难度。

全景特写摄像机（图3-3）具有以下功能：

（1）支持视频遮盖功能。通过视频遮盖可将全景通道的隐私区域进行遮挡。

（2）支持隐私遮蔽功能。通过隐私遮蔽可将细节通道的隐私区域进行遮挡。

（3）支持全景联动全景通道。实时监控时，如有需要重点监控区域，可联动细节通道显示重点监控区域。

（4）图像参数切换。在不同时间段内，实现不同监控场景的切换。

（5）录像及抓图功能。设备支持录像及抓图功能。

（6）背光补偿或宽动态功能。当打开背光补偿功能时，在强光背景下，设备将自动调节较暗的目标，使目标画面清晰可见。当打开宽动态时，设备自动平衡监控画面中最亮和最暗部分的画面，以便看到更多监控画面细节。

图3-3　全景特写摄像机

三、网络摄像筒机

网络摄像筒机(以下简称摄像机)是集成了视音频采集、智能编码压缩及网络传输等多种功能的数字监控产品。采用嵌入式操作系统和高性能硬件处理平台,具有较高稳定性和可靠性,满足多样化行业需求。摄像机基于以太网控制,可实现图像压缩并通过网络传输给不同用户;基于NAS集中存储,可大大方便数据的存储及调用。您可通过浏览器或客户端软件控制摄像机,并通过浏览器设置摄像机参数、智能功能、音视频参数、图像参数等,具体功能参数请以实际设备为准。

网络摄像筒机(图3-4)具有以下功能:

(1)录像及抓图。摄像机支持预览时的即时抓图及录像,也可安装存储卡或者配置网络存储盘后,配置录像及抓图的计划,实现计划录像及抓图。

(2)用户管理。通过管理员"admin"用户,可以管理多个不同的用户,并对每个用户配置不同的权限。

(3)智能功能。摄像机支持智能人脸抓拍、智慧城管、混合目标检测和区域关注度功能,摄像机还支持过线计数和道路监控的智能检测功能。

(4)事件侦测功能。摄像机支持普通事件及Smart事件。普通事件:移动侦测、遮挡报警、报警输入/输出、PIR报警和异常报警。Smart事件:音频异常侦测、虚焦侦测、场景变更侦测、人脸侦测、越界侦测、区域入侵侦测、进入/离开区域侦测、徘徊侦测、人员聚集侦测、快速移动侦测、停车侦测、物品遗留侦测和物品拿取侦测。

(5)网络功能。摄像机支持TCP/IP、PPPoE、DHCP、UDP、MCAST、FTP、SNMP等多种网络通讯协议;支持ONVIF等开放互联协议。

图 3-4　网络摄像筒机

四、网络硬盘录像机

NVR 是 Network Video Recorder(网络硬盘录像机)的缩写。NVR 最主要的功能是通过网络接收 IPC(网络摄像机)设备传输的数字视频码流,并进行存储、管理,从而实现网络化带来的分布式架构优势。简单来说,通过 NVR 可以同时观看、浏览、回放、管理、存储多个网络摄像机,摆脱了电脑硬件的牵绊,再也不用面临安装软件的烦琐了。如果所有摄像机网络化,那么必由之路就是有一个集中管理核心出现。简单来说,NVR 又叫网络视频录像机,是一类视频录像设备,与网络摄像机或视频编码器配套使用,实现对通过网络传送过来的数字视频的记录。

网络硬盘录像机(图 3-5)性能如下:

(1)支持网络设备接入,可以接入网络摄像机、网络快球和网络视频服务器,可接入第三方(ACTi、ARECONT、AXIS、Bosch、Brickcom、Canon、HUNT、PANASONIC、PELCO、SAMSUNG、SANYO、SONY、VIVOTEK、ZAVIO)网络摄像机,也可通过协议自定义方式接入第三方摄像机。

(2)兼容 PANASONIC 和 SONY 接入协议,支持两种协议的 4K 分辨率相机。

(3)支持最新 H.265 高效视频编码码流,支持 H.265 和 H.264 IP 设备混合接入。

(4)支持 Smart 264 和 Smart 265 视频编码码流,支持标准 ONVIF 协议。

(5)每个 IP 通道支持双码流压缩,1 盘位设备最大支持 5MP 分辨率,2 盘位设备最大支持 8MP 分辨率。

(6)每个通道的视频编码参数独立可调,包括分辨率、帧率、码率、图像质量等。

(7)每个通道支持主码流定时压缩参数和子码流压缩参数。

(8)支持快速添加 IP 通道功能。支持海康威视协议接入 IP 通道的设备进行升级。

(9)支持海康 SMART IPC 场景变更侦测、区域入侵侦测、音频异常侦测、虚焦侦测、移动侦测、人脸侦测等多种智能侦测接入与联动。

(10)支持智能搜索、回放及备份功能,有效提高录像检索与回放效率。

(11)支持 GB28181、Ehome、萤石云平台接入。支持 DS-1005K USB 键盘。

图3-5 网络硬盘录像机

 任务实施一:网络摄像机监控系统的安装

一、器件及材料准备

器件及材料准备如表3-1所示。

表3-1 器件及材料准备

序号	名 称	型号或规格	图 片	数 量	备注
1	网络摄像筒机	海康威视DS-2CD7T47DWD-IZ	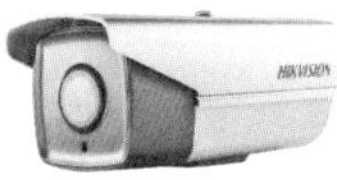	1台	
2	网络摄像球机	海康威视DS-2CD2356(D)WD-I		1台	
3	高清全景摄像机	海康威视DS-2PT3326IZ-D3		1台	
4	网络硬盘录像机	海康威视DS-7804NB-K1/C		1台	
5	液晶显示器	HP-17寸显示屏		1台	

序号	名称	型号或规格	图片	数量	备注
6	交换机	水星交换机		1台	
7	硬盘	1T		1块	
8	网线			若干	
9	电源UPS			1套	
10	USB鼠标			1个	
11	螺丝刀			1把	
12	电源导线			若干	

二、系统接线

网络硬盘录像机接线如图3-6所示。

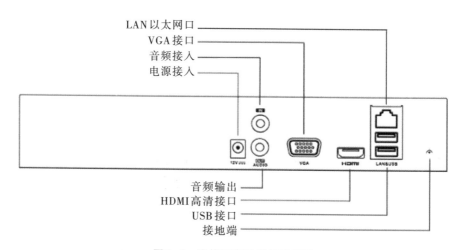

图3-6　网络硬盘录像机接线图

三、通电检查

（1）检查网络硬盘录像机电源指示灯是否常亮。

（2）检查交换机电源指示灯是否常亮，各个网络端口工作指示灯是否正常闪烁。

（3）检查各个网络摄像机电源指示灯是否常亮。

任务实施二:硬盘录像机操作

一、开机与激活

1. 开机

首先确认接入的电压与NVR的要求相匹配,并保证NVR接地端接地良好。如果电源供电不正常时,会导致NVR不能正常工作,甚至损坏NVR,所以要使用稳压电源进行供电。在开机前,请确保有显示器或监视器与设备的视频输出口相连接。具体开机步骤如下。

步骤1:插上电源。

步骤2:打开后面板电源开关。设备开始启动,弹出"开机"界面,如图3-7所示。

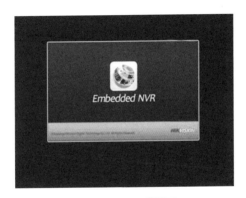

图3-7 "开机"界面

2. 修改初始密码

首次使用的设备,系统随机生成8位数字和字母组合的密码,作为初始的admin用户密码和IPC激活密码。IPC激活密码为设备另设的用于激活或添加IP设备的密码。初始密码状态下,设备的网络服务,如HTTP服务、RTSP服务、ISAPI服务和SDK服务无法使用,且对设备进行任何操作之前会依次弹出修改初始密码的警告界面。单击"是"修改初始密码,并按界面提示重启设备后网络服务生效。此时,admin用户密码和IPC激活密码被同步修改。

3. 导出GUID文件

设备初始密码或admin用户密码修改后,可以导出GUID文件,用以忘记密码时重置密码。

步骤1:修改设备初始密码或者编辑admin用户密码后,根据界面提示选择重新导出GUID文件,如图3-8所示。

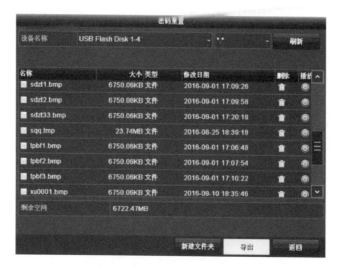

图 3-8　导出 GUID 文件

步骤 2:选择导出设备的名称和文件夹。

步骤 3:单击"导出"即可导出 GUID 文件到 U 盘的指定文件夹目录下。

4. 快速解锁

快速解锁功能为 admin 用户提供了快速登录的选择。以下介绍如何设置 admin 用户快速解锁的图案。

步骤 1:修改初始密码并重启设备后,进入设置解锁图案界面,如图 3-9 所示。

图 3-9　设置解锁图案界面

步骤 2:按住鼠标,在屏幕 9 个点上进行画线,图案完成后释放鼠标。

步骤 3:再次按住鼠标,在 9 个点上重复步骤 2 所绘图案进行画线。当两次解锁图案绘制一致时设置成功,系统自动退出设置解锁图案界面。

5. 密码重置

设备支持重置admin用户的密码,仅需导入GUID文件即可。

步骤1:进入普通登录界面,如图3-10所示。

图3-10　普通登录界面

步骤2:单击"忘记密码",进入导入GUID文件界面,如图3-11所示。

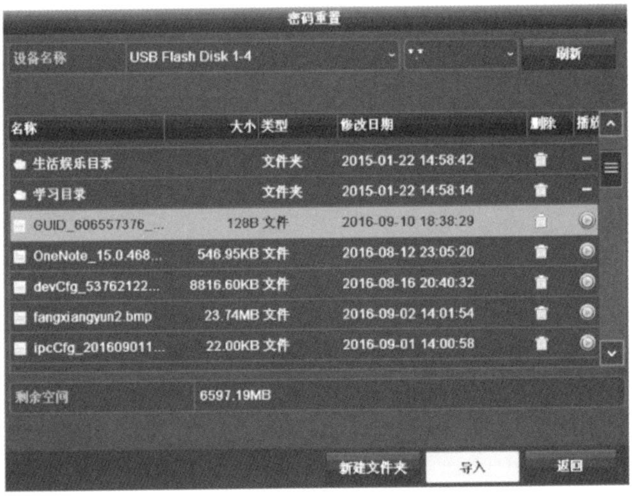

图3-11　导入GUID文件界面

步骤3:选择原来导出的GUID文件,单击"导入"。

步骤4:重置密码次数超过7次(远程回答安全问题方式重置和导入GUID文件方式重置的错误次数之和),则1分钟内不允许重置密码操作。

步骤5:GUID 文件导入成功,进入"密码重置"界面,如图3-12所示。

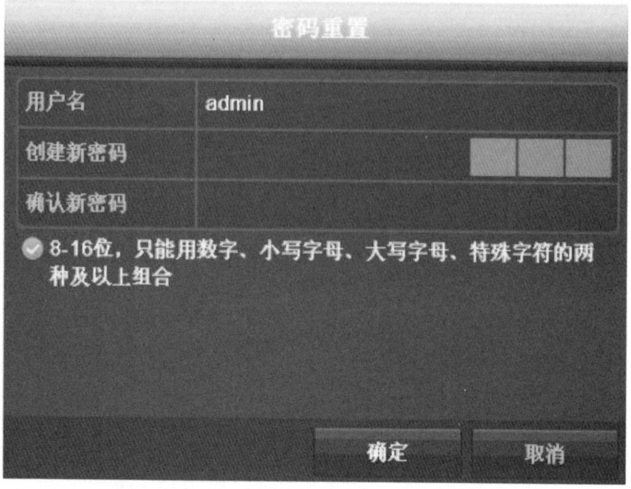

图3-12 "密码重置"界面

步骤6:创建admin用户的新密码,并输入确认密码,如图3-13所示。

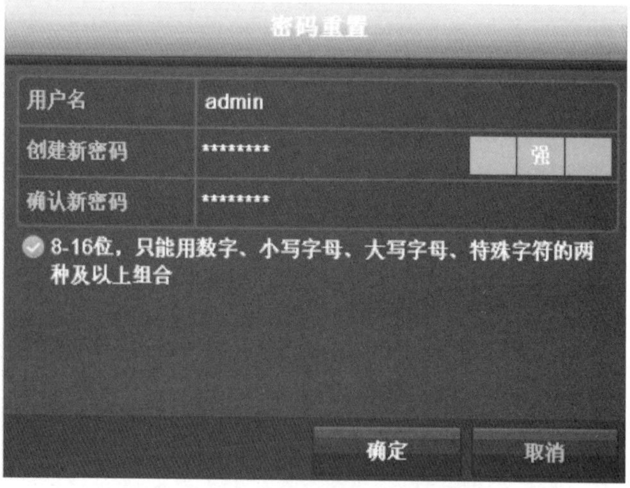

图3-13 设置"密码重置"界面

步骤7:单击"确定",弹出"密码重置成功"提示界面,如图3-14所示。

图3-14 "密码重置成功"提示界面

重置密码成功,原来的GUID文件失效,需重新导出新的GUID文件。开机向导的权限认证界面和用户配置的admin用户编辑界面均可进行GUID文件导出。

步骤8:单击"确定",完成设备密码重置。

二、IP通道管理

1. IP通道添加

快速添加IP设备的方法,具体操作步骤如下。

步骤1:进入"IP通道管理"界面。

选择"主菜单→通道管理→通道配置→IP通道"。进入通道管理的"IP通道"界面,如图3-15所示。

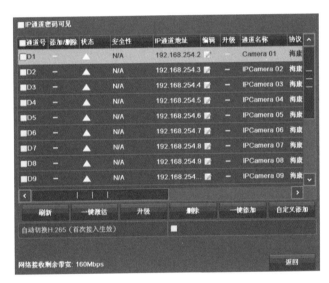

图3-15　快速添加IP设备界面

步骤2:激活IP设备。

〇如果IP设备已被激活,可直接添加IP通道。

〇激活单个IP设备。

(1)单击未激活的IP设备,弹出激活界面,如图3-16所示。

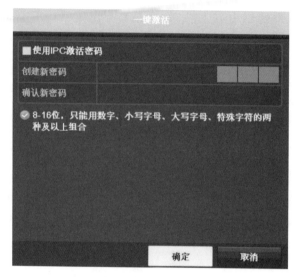

图3-16 激活界面

（2）设置登录密码。

○钩选"使用IPC激活密码"，则IP设备的登录密码与IPC激活密码一致。

○单击"一键激活"，弹出激活界面。可一次性激活列表中所有未激活的IP设备。

○成功激活后，列表中"安全性"状态显示为"已激活"。

步骤3：添加IP通道。

○选择需要添加的已激活IP设备，单击"＋"，NVR以默认用户名admin、IPC激活密码去添加IP设备。重复以上操作，完成多个IP通道添加。

○单击"一键添加"，在不超过设备路数的情况下，将搜索到IP设备全部激活并添加到NVR上，且激活密码默认和IPC激活密码一致。

步骤4：查看连接状态，如图3-17所示。

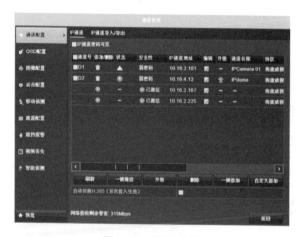

图3-17 连接状态

三、IP设备配置

IP设备添加成功后，设备可对IP设备进行配置管理。具体操作步骤如下。

步骤1：在通道管理的"IP通道"界面，单击"编辑"，进入编辑界面。

步骤2：修改IP通道的IP地址、管理端口、密码等参数，单击"确定"，修改IP通道参数，如图3-18所示。

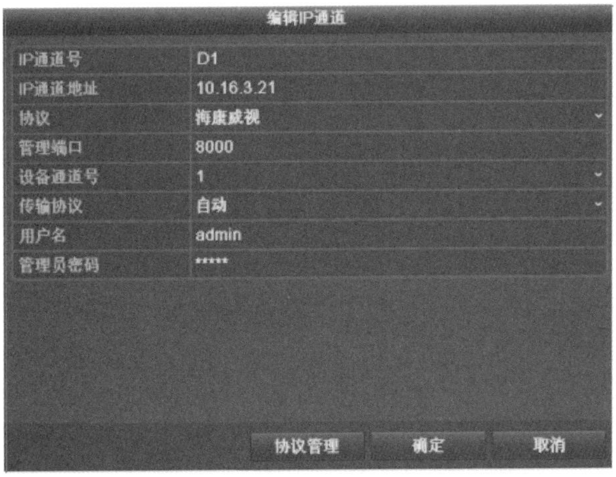

图3-18　编辑界面修改IP通道参数

步骤3：单击升级，选择升级的文件所在的目录，可对网络IP固件进行升级，如图3-19所示。

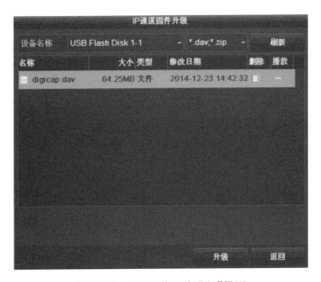

图3-19　"IP通道固件升级"界面

步骤4：单击删除，可删除该IP通道。选中通道号，单击"删除"，可同时删除多个IP通道。如图3-20所示。

图3-20　删除多个IP通道

四、IP通道导入/导出

IP通道导入/导出的具体操作步骤如下。

步骤1：选择"主菜单→通道管理→IP通道"。选择"IP通道导入/导出"属性页，选择外部存储设备。

步骤2：单击"导出"，将设备已添加的IP通道的信息导出到U盘等存储介质中，如图3-21所示。

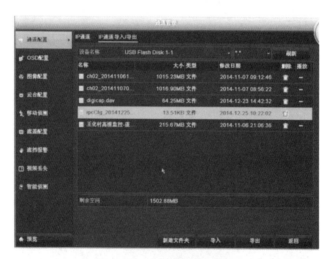

图3-21　IP通道信息导出

步骤3：用户可在PC上打开导出的信息（Excel文件），并按照文件的格式进行添加、删减与修改操作。

步骤4：选中配置文件，单击"导入"，可实现快速将记录的IP通道导入设备中，如图3-22所示。

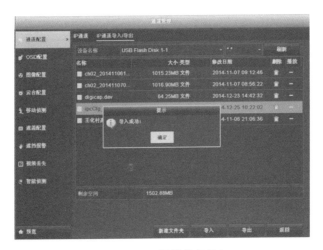

图 3-22　IP通道信息导入

五、云台参数设置

云台参数设置操作步骤如下。

步骤1：选择"主菜单→通道管理→云台配置"。进入"云台配置"界面，如图3-23所示。

图3-23　"云台配置"界面

步骤2：选择"云台参数配置"，进入云台参数配置界面，如图3-24所示。

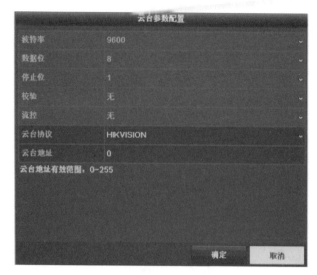

图3-24 "云台参数配置"界面

步骤3：设置通道的云台参数。

步骤4：单击"应用"，保存设置。

六、回放

1. 录像回放

进入菜单回放界面的方法为预览使用"右键菜单→回放"或"主菜单→回放"。回放界面的组成及各个功能模块，如图3-25所示。预览右键菜单选择"回放"将默认播放鼠标所在的通道。

图3-25 回放界面说明

2. 即时回放

预览状态下，鼠标左键选中需要回放的通道，单击便捷操作菜单的，进入"回放"界面，如

图3-26所示。

图3-26　"回放"界面

3. 常规回放

常规回放,即按通道和日期检索相应的录像文件,从生成的符合条件的播放条中依次播放录像文件。

具体回放操作步骤如下。

步骤1:选择"主菜单→回放",进入"常规/智能回放"界面,如图3-27所示。

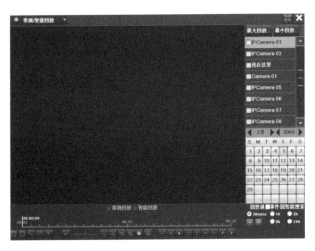

图3-27　进入"常规/智能回放"界面

步骤2:选择录像回放的通道,日历自动显示当前月份的录像情况。

4. 单通道回放

（1）在"最小回放路数"通道列表，选择需要回放的某个通道。

（2）单击或鼠标双击需要回放的日期，即开始"常规/智能回放"界面，如图3-28所示。

图3-28　"常规/智能回放"界面

5. 多通道同步回放

（1）在"最小回放路数"通道列表，选择想要回放的多个通道，或者单击"最大回放路数"，全选设备能回放的所有通道。

（2）鼠标单击或双击需要回放的日期，进入"同步回放"界面，如图3-29所示。

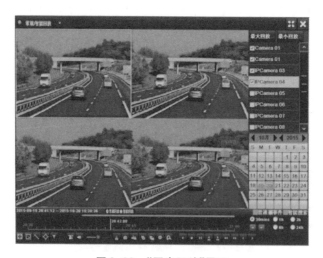

图3-29　"同步回放"界面

 **任务评价**

任务评价如表3-2所示。

表3-2 任务评价表

评价项目	任务评价内容	分值	自我评价	小组评价	教师评价
职业素养	遵守实训室规程及文明使用实训器材	10			
	按操作流程规定操作	5			
	纪律、团队协作	5			
理论知识	认识网络球机、筒机、全景摄像机、硬盘录像机	10			
	认识系统接线图	10			
实操技能	系统接线正确	20			
	网络硬盘录像机配置正确	10			
	系统调试成功	30			
总分		100			
个人总结					
小组总评					
教师总评					

练一练

一、填空题

1. 摄像机的发展趋势越来越网络化,出现了_____、_____、_____、_____等网络摄像监控设备。

2. 网络硬盘录像机的接口有_____、_____、_____和_____。

3. 智能球支持动态调整编码参数,包括_____、_____、_____、_____、_____等协议;支持_____、_____、_____等开放互联协议。

4. 全景特写摄像机具有_____、_____、_____、_____、_____、_____等功能。

5. NVR(Network Video Recorder)又叫_____,是一类视频录像设备,与_____或者_____配套使用,实现对通过网络传送过来的_____的记录。

6.网络硬盘录像机录像回放方式有_____、_____和_____三种。

二、简答题

1. 简述硬盘录像机快速解锁的步骤。

2. 简述硬盘录像机IP设备添加成功后,如何对IP设备进行配置管理。

项目四　iVMS-4200视频监控软件

 项目目标

1. 了解视频监控软件的运行环境和特点。
2. 掌握视频监控软件的安装和设备添加。
3. 掌握视频监控软件的基本操作方法。

 任务情景

我们常常能够在一些电影中看到这样一个场景:几个保安,坐在满是显示器的监控室内,通过监控屏幕来监视建筑里的一举一动。在之前的章节里,我们已经学习了模拟视频监控系统和数字视频监控系统的安装和配置方法。当时所使用的控制手段是使用硬盘录像机。但是,硬盘录像机连接的设备有限,要做到如图4-1所示那样更多设备的同时监控和操作,就需要用到网络视频监控软件的帮助。通过网络视频监控软件,我们能够在一台电脑主机上连接多个监控设备或硬盘录像机,在监控的同时,也可以更方便地操控监控设备和处理采集到的数据。

图4-1　监控室

任务准备

根据之前项目所采用的硬件设备,本项目采用海康威视 iVMS-4200(图 4-2)网络视频监控平台软件。

图 4-2 iVMS-4200

一、iVMS-4200 软件适用设备

(1)嵌入式网络硬盘录像机。

(2)混合型网络硬盘录像机。

(3)网络视频服务器。

(4)NVR、IP Camera。

(5)IP Dome。

(6)PCNVR。

(7)解码设备以及视音频编解码卡。

二、iVMS-4200 软件主要功能

(1)实时预览。

(2)远程配置设备参数。

(3)录像存储。

(4)远程回放和下载。

(5)报警信息接收和联动。

(6)电视墙解码。

(7)控制。

(8)电子地图。

(9)日志查询。

三、iVMS-4200软件主要特点

(1)精简的组件设计:针对小型系统的非集中式管理模式,可以将多个组件安装在同一PC上,进行高度集成。

(2)三级用户权限和多达50个用户的账户管理系统:针对小型系统,提供超级管理员、管理员和操作员三级用户权限管理和多达50个用户的账户管理,充分满足各个系统的权限管理方案。

(3)界面容器化处理模式:在客户端组件的界面设计上,精心采用容器化处理,简化了多屏和单屏切换的处理方式,大幅改善多屏操作感受,适应了一机多屏的PC发展趋势。

(4)通道化管理模式:在客户端组件设计中,加入了通道化管理模式,抛开了以设备为核心主体的传统设计方式,更加适应IP监控的发展方向。

(5)以用户体验为重心的界面设计:提供图片式可视化控制面板,以用户体验为重心,颠覆式地采用所需即可用的模式,提供一个功能的多个入口,以期达到最大限度减少用户操作步骤的目标。

(6)需要才可见的显示方式:在客户端组件的界面元素上,加入了需要才可见的显示方式。在日历、时间条、工具栏、系统信息栏等多处,加入该设计模式,最大限度地节省有限的屏幕显示空间,开始为高清视频监控的应用软件发展方向探路。

四、iVMS-4200软件的运行环境

(1)操作系统:Microsoft Windows 7/Windows 2008(支持32/64位系统)。

(2)Windows 2003/Windows XP(均只支持32位系统)。

(3)CPU:Intel Pentium IV 3.0 GHz或以上。

(4)内存:1G或更高。

(5)显示:支持1024×768或更高分辨率。

🗨 **任务实施**

一、网络视频监控软件的硬件准备

网络视频监控软件的硬件准备如表4-1所示。

表4-1　网络视频监控软件的硬件准备

序号	名　称	图　片	数　量	备　注
1	PC主机		1台	配置可参照前文,需满足软件最低要求
2	交换机		1台	可根据监控设备数量选择有足够接口的交换机
3	数字监控硬盘录像机		1台	根据数字监控摄像头数量选择型号
4	模拟监控硬盘录像机		1台	根据模拟监控摄像头数量选择型号
5	数字监控摄像头		若干	可选取不同种类的数字监控摄像头
6	模拟监控摄像头		若干	可选取不同种类的模拟监控摄像头

二、硬件安装和软件安装

1. 模拟监控设备的安装与调试

首先,将本项目所用到的模拟监控摄像头和模拟监控硬盘录像机进行连接及配置参数。具体过程在前文已详细描写,本项目此处不作赘述。这里要注意的是,在配置模拟监控硬盘录像机的过程中,需要记录所设置的管理员账号及登录密码,在后期操作过程中会用到。本项目所设模拟监控硬盘录像机管理员账号为admin,密码为12345。这里为了操作和记忆的方便,使用的账号和密码都较为简单。

如图4-3所示,模拟监控摄像头和模拟监控主机已连接、调试完毕。为了实训测试调整方便,将几种不同类型的模拟监控摄像头安装在同一面板上。

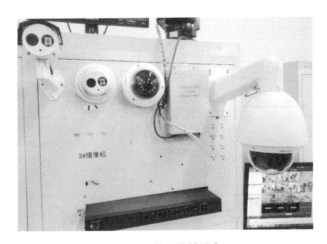

图4-3 模拟监控设备

注意:在实际应用过程中,建议选用更复杂的密码以确保设备信息安全。设备管理员账号密码需要妥善保管,防止后期维护时,因遗忘账号密码而产生不必要的麻烦。在实训过程中需要养成这些习惯,以更好地适应实际工作。

2. 数字监控设备的安装与调试

将本项目所用到的数字监控摄像头和数字监控硬盘录像机进行连接及参数配置。具体过程在前文详细讲解过,这里不再重复。配置数字监控设备的时候,同样也要注意管理员账号和密码的保管。本项目所设数字监控设备管理员账号为admin,密码为admin123。根据硬盘录像机的型号不同,设置时要求也不同,例如本项目所用数字硬盘录像机设置密码时会要求密码包含字母和数字。在设置时,要注意不要和模拟监控设备混淆。

如图4-4所示,数字监控摄像头和数字监控硬盘录像机都已安装、调试完毕。本项目使用了多种类型的数字监控摄像头。

图 4-4　数字监控设备

注意:当模拟监控设备和数字监控设备全部都安装完毕时,设备数量已经比较多了。为了后期在软件平台操作时,对摄像头区分更加容易,可以先做一个设备记录表。在安装设备时,对设备进行编号并记录,有助于调试时在软件端添加设备时不会混淆;并且当某一设备出故障时,也有助于快速定位出问题的设备,着手处理。设备记录表如表4-2所示。

表4-2　设备记录表

序号	设备型号	IP地址	管理员账号	密　码	备　注
1					
2					
4					
5					
6					

3. 监控设备与PC主机的连接

监控设备配置完毕后,需要将监控设备连接至PC主机上。因为设备数量比较多,需要使用交换机。

如图4-5所示,将模拟监控硬盘录像机、数字监控硬盘录像机、PC主机同时用网线连接至同一交换机上。对于数字监控摄像头来说,也可直接连接在这台交换机上。通过交换机能够将各个设备连入同一局域网,使监控设备能够被PC主机查找到。

图4-5　设备通过交换机连接

至此,硬件安装设置都已完成。

4. 软件安装

双击海康威视iVMS-4200监控软件安装包,进入安装向导,直接点击"下一步"。钩选完"我接受许可证协议"中的条款后,会出现选择功能;本项目只运用到客户端本体,因此只钩选"客户端"。同时,可以在此界面选择软件安装位置。建议在安装软件的时候注意一下文件安装位置,在后期使用过程中,如果出现误删快捷方式等现象,就不必直接重装软件,可以通过本地的应用程序直接建立快捷方式。选择功能结束后,会提示可以安装该程序了。点击"安装",直至软件安装完成,如图4-6所示。

(a)　　　　　　　　　　　(a)

(c)　　　　　　　　　　　(d)

图4-6　软件安装步骤

二、IVMS-4200 的使用

1. 用户登录

首次运行软件会提示要求先创建一个超级用户,这里的用户名和密码可以自定义。需要注意的是,用户名不能包含如"\:*? "<>|"这样的特殊字符,后期设置分组名、监控点名、报警输入名,同样不能包含。密码要至少6位。注册超级用户如图4-7所示。

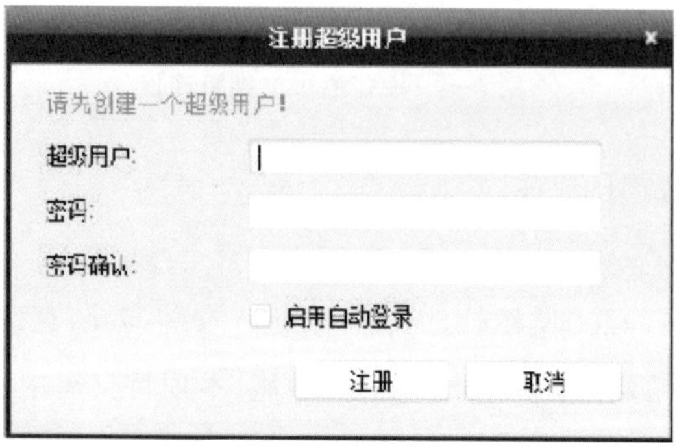

图4-7 注册超级用户

超级用户注册完成后,运行软件会要求登录用户,根据之前所设用户密码登录(图4-8)。为了方便起见,可钩选自动登录,这样下次就会默认登录这个用户。

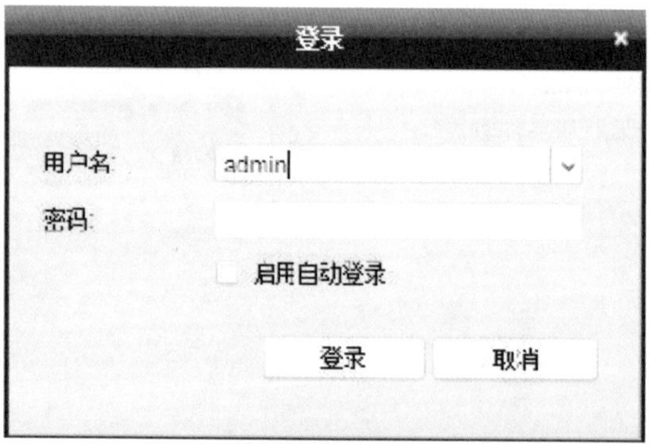

图4-8 用户登录

进入软件界面后,首先会弹出一个配置向导(图4-9),引导用户进行设备添加、分组管理、录像计划;也可以直接跳过这个向导,后期在软件里自行添加。

图4-9　配置向导

为了方便之后的调试,这里点"关闭",直接进入软件进行操作。

2.设备添加

进入软件主界面后,首先进行设备添加,如图4-10所示,点击进入"设备管理"界面,这里有两个选项页:"服务器"和"分组"。"服务器"主要用来配置软件连接硬件监控设备,而"分组"主要用来对已经连接上软件的硬件进行分组管理。在实际应用过程中,常常按照监控设备的监控区域进行分组。

图4-10　"设备管理"界面

(1)单独监控摄像头的添加

如图4-10所示,进入设备管理的服务器选项页,右边会有"设备的管理"和"在线设备"两个显示项。"在线设备"显示的是软件通过局域网能够发现的硬件监控设备。设备的管理则是已和软件进行连接的设备。

如图 4-11 所示,这里会显示软件已发现的硬件设备,通过 IP 地址来区分不同的设备。需要注意的是,对于一个 IP 地址来说,既可以直接分配给一个监控摄像头,也可以通过分配给硬盘录像机来实现一个 IP 连接多个监控摄像头。

在线设备(6)		刷新(每15秒自动刷新)				
+ 添加至客户端	+ 添加所有设备	修改网络信息	恢复设备缺省密码		过滤	
IP	设备类型	端口	设备序列号		启动时间	是否
192.168.1.4	DS-2DC7223IW-A	8000	DS-2DC7223IW-A20191026AACHD77859607W		2020-03-17 13:07:17	是
192.168.1.5	DS-2CD1225-I5	8000	DS-2CD1225-I520190109AACHC84557982		2020-03-09 13:14:40	是
192.168.1.3	DS-2CD3326WD-I	8000	DS-2CD3326WD-I20190725AACHD43677091		2020-03-10 23:33:24	是

图 4-11　在线设备

以 IP 为 192.168.1.3 的设备为例,在图 4-11 所示位置,先选中 192.168.1.3 的设备,然后选择"添加至客户端"。接着会弹出一个添加页面,如图 4-12 所示。在这个添加页面中会要求填写别名、IP 地址、端口、用户名和密码。

别名就是我们在软件里给这个监控摄像头设的代号。这里为了测试效果更直观,我们直接用设备的 IP 地址来命名这个摄像头。

（a）

（b）

图 4-12　添加页面

端口为系统默认,无特殊需要不用修改。这里出现的用户名和密码,就是在前文设置硬件设备时设置的硬件访问用户名和密码,根据之前我们填写的设备记录表,填入用户名和密码,最后点击"添加"。

如图 4-13 所示,这时"管理的设备"中已存在 IP 为 192.168.1.3 的设备。

管理的设备(6)							
添加设备	修改	删除	远程配置	智能资源分配	刷新所有设备	过滤	
别名 △	IP	设备序列号			网络状态	硬盘状态	录像状态
192.168.1.198	192.168.1.198	DS-7804NB-K1/C0420191025CCRRD77902663W...			⊘	◯	◉
192.168.1.2	192.168.1.2	DS-2DC3326IZ-D320180913CCCHC50197451			⊘	◯	◉
192.168.1.3	192.168.1.3	DS-2CD3326WD-I20190725AACHD43677091			⊘	◯	◉
192.168.1.4	192.168.1.4	DS-2DC7223IW-A20191026AACHD77859607W			⊘	◯	◉
192.168.1.5	192.168.1.5	DS-2CD1225-I520190109AACHC84557982			⊘	◯	◉
192.168.1.64	192.168.1.64	DS-7208HW-SH0820150513AACH518503073WCvU			⊘	◯	◉

图 4-13　管理的设备

设备添加完成后,进入"设备管理"的"分组"界面。此时,界面中还是空白状态。也就是说,软件和硬件的连接虽然已经完成,但是此时软件没有读取硬件拍摄的影像。如果要在软件中显示监控摄像头所拍摄的画面,还需要将画面导入。

在如图4-14所示的界面中点击"导入"按钮,会弹出"导入"界面。

图 4-14　"分组"界面

如图4-15所示导入界面,这里会显示已添加设备所拍摄画面的截图。要注意的是,这里的画面并不是实时的,如果以前在这个客户端添加过同一个的设备,可能会出现之前的截图。这时,可以点击画面中绿色的"刷新"按钮来测试硬件画面当前能否正常传输到软件客户端。如果此时没有画面显示,就需要在前几个步骤中进行排查。

导入界面的左侧是我们已经添加的硬件设备,也就是已经连接上软件的硬件设备,右侧的分组是指软件客户端正在读取硬件影像的设备列表。

选中左侧192.168.1.3设备的画面图标,点击"导入选择"按钮,右侧就会出现192.168.1.3的分组;同时,桌面右下角会显示导入成功。导入后,可以直接点击右上角关闭按钮,关闭

"导入"界面。

（a）选择左侧硬件 　　　　　　　　　　　　（b）导入右侧通道

图 4-15　"导入"界面

返回分组界面,如图 4-16 所示。这时,左侧列表已经有名为 192.168.1.3 的分组,同时右侧用 192.168.1.3_监控点 1 为别名来指代具体的摄像头。至此,一个监控摄像头已经添加完毕,可以通过软件实时查看摄像头采集的画面了。

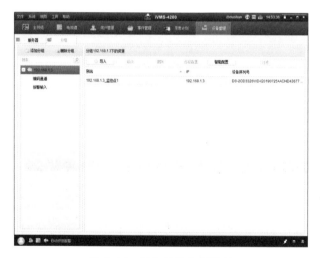

图 4-16　导入后的分组界面

如图 4-17 所示,在软件界面选择"主预览"就能进入画面监控界面。可以在摄像头前挥挥手看看软件、硬件是否都能正常工作。

图 4-17　主预览

（2）利用硬盘录像机批量添加摄像头

对于数字监控摄像头，可以一个一个单独添加进软件客户端；但是对于模拟监控摄像头来说，其自身无法通过网线连入局域网，必须先连接至模拟硬盘录像机，再通过模拟硬盘录像机连接至局域网，这就会导致好几个模拟摄像头共用一个IP地址的现象。因此，对于模拟摄像头，可以通过硬盘录像机批量添加入软件客户端。

批量添加方式和单独添加方式基本类似。先要根据之前填写的设备记录表，准备好模拟硬盘录像机所设的IP地址、用户名和密码。

如图4-18、图4-19所示，本项目分配给模拟硬盘录像机的IP地址为192.168.1.64，在"在线设备"中选择192.168.1.64，然后点击"添加至客户端"。在弹出的"添加"界面中填入IP地址、用户名、密码等关键信息。注意图中"导入至分组"的选择项，在批量添加时建议钩选，这样系统就会按照这个IP自动生成一个分组，这个分组内就会包含硬盘录像机所连接的所有摄像头，有助于后期分类。

在线设备(6)		刷新（每15秒自动刷新）			
添加至客户端	添加所有设备	修改网络信息	恢复设备缺省密码		
IP	设备类型	端口	设备序列号	启动时间	是否
192.168.1.64	DS-7208HW-SH	8000	DS-7208HW-SH0820150513AACH518503073	2020-03-17 12:14:05	是
192.168.1.198	DS-7804NB-K1/C	8000	DS-7804NB-K1/C0420191025CCRRD7790266	2020-03-17 13:06:51	是
192.168.1.3	DS-2CD3326WD-I	8000	DS-2CD3326WD-I20190725AACHD43677091	2020-03-10 23:33:24	是

图 4-18　批量添加《在线设备》

图4-19　批量添加

之后,还是在"分组"界面点击"导入",这时进入"导入"界面,如图4-20所示,会发现左侧192.168.1.64分组下出现了多个画面,这就是多个模拟摄像头共用一个IP地址的情况。同样地,这里也是点击绿色"刷新"按钮刷新一下。

图4-20　批量添加导入

当192.168.1.64的设备导入右侧分组后,可以看到,系统自动按照192.168.1.64_监控点1、192.168.1.64_监控点2……的规律将同一个IP地址上的不同摄像头进行了命名。若要修改每个摄像头的名称,可以回到"设备管理"下的"分组"界面进行重命名。这时,设备添加已完成,还是回到"主预览"界面观察效果。

如图4-21所示,因为一次性添加了5个摄像头,所以要同时预览5个摄像头所拍摄的内容,需要在左侧"视图"中选择9画面,画面数量可以自行定义。在此,就可以进行最后的测试了,可以依次在每个摄像头的面前挥一挥手,同时观察软件客户端的图像是否会随之显示。能够显示挥手动作,则说明设备添加成功;反之,则说明添加失败,要检查前几个步骤以便排除故障。

图 4-21　批量添加主预览

最后,可以将所用到的模拟设备和数字设备全部添加进软件客户端,同步显示多个摄像头所拍摄的画面。

3. 软件基本操作

(1)预览操作

对于监控软件我们最常用的就是其预览功能,即实时监控。如图 4-22 所示,为典型的多画面预览界面。双击右侧任意的小画面,可将画面放大,单独显示一个监控画面。

图 4-22　预览操作界面

如果对其中任意一个小画面进行右击,就会弹出一个操作菜单,包含了实时监控中常用到的基本功能。

如图4-23所示，预览操作菜单包含很多功能，如停止预览、抓图、开始录像、启用电子放大等功能，使用时根据软件内的提示一步步操作即可。这里要注意的是，对于一些特殊功能来说，比如"开始对讲""启用窗口云台控制"等等，需要摄像头的硬件支持，使用的时候要求对监控设备的硬件参数较为了解。

图4-23　预览操作菜单

对于比较常用的云台控制功能，预览界面专门在左侧提供了一个云台控制界面，如图4-24所示。

图4-24　云台控制界面

通过方向键控制云台8个方向的转动，通过拖动条可控制云台转动的速度。点击方向键正中间按钮，云台开始自动扫描，再次点击停止云台自动扫描。点击右侧功能键可进行对焦距、光圈和倍率的调节。

点击"预置点"按键进入预置点编辑界面。转动云台到需要的位置,点击笔状图标,输入预置点的名称即可完成预置点的添加或修改。

点击"轨迹"按键可进入轨迹编辑界面。轨迹需要自己手动控制云台的转动并进行记录,最后保存,方便下次调用。

当为监控点添加两个或者多于两个预置点后,可根据已经设置好的预置点配置一条巡航路径。

点击"巡航"按键进入巡航编辑界面,选择巡航路径名称(巡航路径名称默认),点击加号添加巡航点,在添加巡航路径界面的预置点下拉框中选择所需的预置点作为当前巡航点,设置该巡航点的巡航时间和巡航速度,点击"确认"完成该巡航点的添加。如图4-25所示。

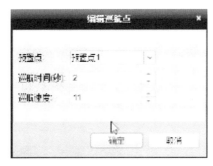

图4-25　编辑巡航点

重复操作,按巡航需求顺序添加巡航点到巡航路径中。设置完成后,选择已经设置的巡航路径,可进行该巡航路径的调用。

(2)录像配置

监控系统除了用来实时监控外,还有一个重要的功能就是录像保存。

在控制面板中选择摄像头图标,进入录像计划配置界面。在左侧分组列表中选择需要录像的监控点,钩选"设备本地录像"。点击,进入模板界面后可选择不同的模板。全天模板、工作日模板、报警模板为固定配置,不能修改,也可以自定义模版,如图4-26所示。简单来说,就是设置录像类型和录制时间的长度。

录像类型有三种:

①计划录像:定时录像。

②事件录像:移动侦测录像或报警输入触发录像。

③命令触发:只应用于ATM类型设备的交易触发录像。

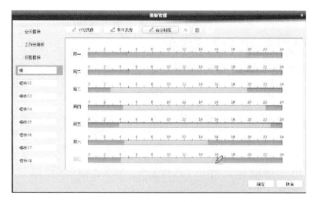

图 4-26　模板编辑界面

录像保存好以后,自然要能够进行录像回放,软件可从硬盘录像机上查找回放录像文件。在控制面板中选择回放图标,进入"远程回放"界面,如图 4-27 所示。在左侧监控点列表中钩选需要查询的分组或监控点,设置文件类型以及搜索日期,点击"搜索"按键。如果搜索出录像文件,回放窗口对应的时间轴将显示具体时间段,且自动跳转至查询结果界面。选择要查看的录像文件直接双击,即可进行录像回放。

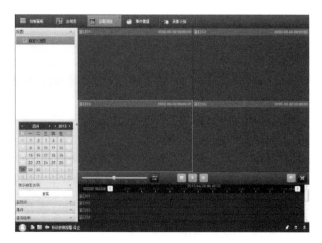

图 4-27　远程回放

软件同时支持动态分析功能。动态分析功能可以对硬盘录像机中已经存在的录像文件进行分析,找出录像中画面有变化的时间段,如移动的人或物等。

既然能够回放,也就能够将录像文件复制出来。在回放界面中,右击鼠标选择"下载",弹出"文件下载"界面,包含三种下载方式,按文件、时间、标签,如图 4-28 所示,可根据需要进行下载。

图 4-28 回放下载

至此,一个以PC为主要控制的网络视频监控系统已经建立完成,接下来可以进行实践验证了。同学们可以尝试通过用这个软件记录自己在实训过程中努力学习的身影,甚至可以将录制的视频发个朋友圈,作为自己学习路程上的一个纪念。

 任务评价

任务评价如表4-3所示。

表4-3 任务评价表

评价项目	任务评价内容	分值	自我评价	小组评价	教师评价
职业素养	遵守实训室规程及文明使用实训器材	10			
	按实物操作流程规定操作	5			
	纪律、团队协作	5			
理论知识	正确安装监控设备	10			
	正确连接监控设备和PC主机	10			
实操技能	能够在客户端添加设备	20			
	实时显示监控拍摄画面	10			

续表

评价项目	任务评价内容	分值	自我评价	小组评价	教师评价
实操技能	保存下载录制的监控视频	30			
总分		100			
个人总结					
小组总评					
教师总评					

练一练

一、填空题

1. iVMS-4200软件适用设备有_____、_____、_____、NVR、IP Camera、IP Dome、PCNVR和解码设备以及视音频编解码卡。

2. 数字硬盘录像机设置密码时会要求密码包含_____和_____。

3. 监控设备配置完毕后,需要将监控设备连接至PC主机上。因为设备数量比较多,需要使用_____。

4. 首次运行软件会提示要求先创建一个_____。

5. 设备添加页面中会要求填写别名、_____、端口、_____和_____。

6. 为监控点添加两个或者多于两个预置点后,可根据已经设置好的预置点配置一条_____。

7. iVMS-4200录像类型有三种:_____、_____、_____。

8. _____功能可以对硬盘录像机中已经存在的录像文件进行分析,找出录像中画面有变化的时间段,如移动的人或物等。

9. iVMS-4200录像文件包含三种下载方式,按_____、_____、_____。

二、选择题

1. 以下哪一项不是iVMS-4200软件的主要功能?(   )

　　A. 实时预览　　　　B. 录像存储　　　　C. 远程回放　　　　D. 网页浏览

2. 以下iVMS-4200软件的运行环境不符合要求的是(   )。

　　A. win7系统　　　　B. i5处理器　　　　C. 512M内存　　　　D. 1080P显示器

3. iVMS-4200设置超级用户名时,以下符合要求的是(　　)。

　　A. admin<1>　　　　　　B. admin:1　　　　　　C. admin_1　　　　　D. admin*1

4. iVMS-4200配置向导会引导用户进行(　　)。

　　A. 设备添加　　　　　　B. 分组管理　　　　　　C. 录像计划　　　　　D. 以上都是

5. iVMS-4200添加设备时,以下哪一项可以自由填写?(　　)

　　A. IP地址　　　　　　　B. 别名　　　　　　　　C. 用户名　　　　　　D. 密码

6. 在预览界面操作菜单中不包含以下哪一项功能?(　　)

　　A. 飞行模式　　　　　　B. 打开声音　　　　　　C. 开始录像　　　　　D. 抓图

7. 以下哪一项不是录像配置的固定配置?(　　)

　　A. 全天模板　　　　　　B. 工作日模板　　　　　C. 假日模板　　　　　D. 报警模板

三、简答题

1. 简述在安装硬件设备时填写设备记录表有什么好处。

2. 如何配置一条巡航路径?

3. 录像保存好以后如何进行录像回放?

项目五　萤石视频监控系统

 项目目标

1.了解萤石视频监控系统的特点及种类。

2.熟练掌握电脑端萤石工作室的功能特点、设备连接及使用。

3.熟练掌握移动客户端萤石云视频APP的功能、设备连接与使用。

 任务情景

随着物联网技术的发展、4G技术普及、5G技术的兴起,海康威视网络摄像机操作便捷,采用有线或者无线的传输方式,内置高效红外灯、拾音器,支持Wi-Fi及手机监控,适用于生活中不方便布网线的简单监控场景,如家庭、商店、仓库、地下停车场、酒吧、园区、办公区、学校等场所。海康威视的萤石视频监控系统,一般分为电脑端萤石工作室和移动客户端萤石云视频APP两类。

✳ 任务一　萤石工作室系统 ✳

 任务准备

萤石工作室适用于杭州萤石网络有限公司的网络硬盘录像机和IP Camera等萤石设备,支持实时预览、录像存储、回放和下载、设备本地参数配置、报警消息接收以及日志查询等多种功能。中小型商户和家庭用户通过电脑端就能实现查看监控录像、接收设备报警消息等功能。

一、萤石工作室的特点

清爽简洁的交互界面：针对中小商户和家庭用户的监控需求，专门设计了交互式操作界面，使用方便，通俗易懂。

强大的本地设备管理功能：工作室支持IPC、NVR等网络设备的设备参数修改，如IP地址设定、图像参数设置、录像计划设置、设备升级等。

局域网客流统计：萤石工作室支持萤石IPC设置本地客户统计，只需要运行客户端软件就可以实现客流的事实数据统计。

账号安全管理：设置终端绑定，修改账号手机号都可以通过萤石工作室实现。

多画面播放功能：最高支持25画面同时预览（需要网络带宽支持），可自由切换播放顺序。

二、萤石工作室运行环境

操作系统：Microsoft Windows 10/Windows 8/Windows 7（32/64位中、英文操作系统），Intel Pentium IV 3.0 GHz或以上CPU，2G或更高内存，支持1024×768显示。

三、萤石工作室的本地设备

1. 实时预览

（1）本地预览

萤石工作室界面，在左侧显示列表中点击本地设备，左键点击" "进入预览界面，拖动监控设备到需要的播放窗口，或者选择播放窗口后单击监控设备，实现监控设备的实时预览，如图5-1所示。

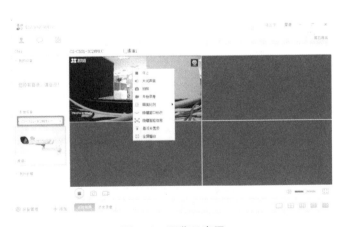

图5-1 预览示意图

注意：

①本地设备需求电脑和设备处于同一个局域网内才可以搜索到设备。

②设备第一次通过萤石工作室本地设备预览，需要输入设备的验证码/激活密码验证通过才可以预览。

（2）手动抓拍

在预览通道画面中，点击"📷"或者右键选择"拍照"，都可对该通道实时预览画面进行拍照。拍照成功后（图5-2）预览下面可弹出缩略图以及保存路径，抓图成功后桌面右下角弹出图片缩略图及路径提示，双击缩略图可打开所抓取的图片，单击路径可打开文件保存路径。

图5-2　手动抓拍成功示意图

（3）手动录像

在预览通道画面中，点击"🔲"或右键选择"录像"，可对该通道进行手动录像。手动录像成功后（图5-3），预览画面右上角会有"🔴 00:00:21"提示，提示该通道正在进行录像。

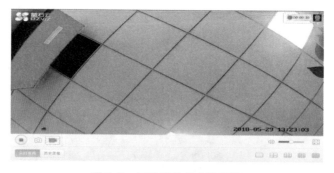

图5-3　手动录像成功示意图

（4）窗口分割

点击界面右下角"⊞"，选择画面分割方式，软件支持分割数量（1、4、9、16、25）。窗口分割如图5-4所示。

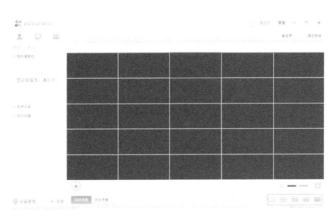

图5-4　窗口分割示意图

（5）录像保存

再次点击或右键选择"停止录像"可停止手动录像，成功后弹出录像路径提示，点击路径可打开录像文件路径，如图5-5所示。

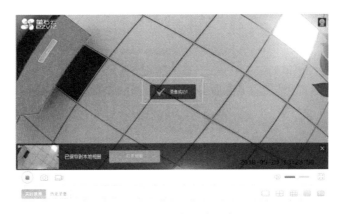

图5-5　录像保存成功示意图

2. 历史回放

（1）历史录像回放

本地设备预览界面中，选择"历史录像"按钮，进入回放初始界面，如图5-6所示。

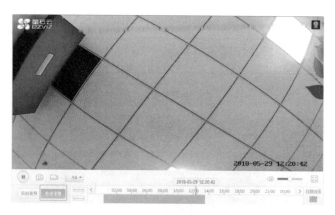

图5-6　历史录像回放示意图

进度条颜色说明:蓝色为定时录像,红色为事件(报警)录像。

(2)历史录像搜索

点击回放界面右下角“ ”,选择录像回放日期。若日期右下角有蓝色横杠标志,说明该日期有录像可查,如图5-7所示。

图5-7　录像回放时间示意图

(3)回放快进和慢速

回放过程中可对回放录像进行变速回放(X8、X4、X2、X1、X1/2、X1/4、X1/8 可选)。

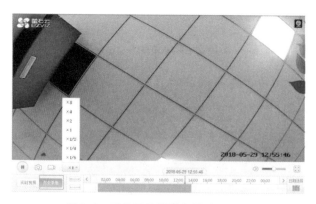

图5-8　录像回放快进和慢放示意图

说明:安装萤石工作室的电脑和设备处于同一个局域网内,才可以实现快速和慢速回放。

3. 网络配置

本地设备中,右键点击设备名称,左键点击"网络配置",会弹出修改设备网络参数对话窗口。该界面可更改设备IP、网关、子网掩码,但是不常用这种方式修改,如图5-9所示。

图5-9　修改网络参数

4. 设备校时

本地设备中,右键点击设备名称,左键点击"校时",可对该监控点进行校时。将设备时间校准为本地电脑的时间,如图5-10所示。

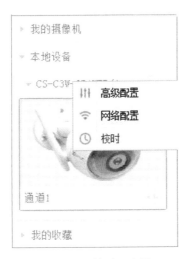

图5-10　校时示意图

5. 快速搜索设备

同一个局域网中的设备,输入设备名称C3W,点击"○",本地设备下会快速找到该设备,如图5-11所示。

图 5-11　快速搜索示意图

四、萤石云工作室的高级配置

1. 系统

（1）设备信息

选择"高级配置→系统→设备信息"，单击"设备信息"页面，可查看网络摄像机基本信息和版本信息，界面如图 5-12 所示。

基本信息包括设备类型、通道个数、IP 通道数、硬盘个数、报警输入/输出数、设备序列号、主控版本等信息。通道个数、IP 通道数、硬盘个数、报警输入数、报警输出数根据设备支持情况而不同。

显示设备基本信息

基本信息

设备类型	CS-C3W-3B1WFR
通道个数	1
IP通道数	0
硬盘个数	1
报警输入数	0
报警输出数	0
设备序列号	CS-C3W-3B1WFR0120171202CCCH138438898

版本信息

主控版本	V5.2.4 build 180131
编码版本	V7.0 build 180119

图 5-12　设备基本信息界面

（2）常用

选择"高级配置→系统→常用"，单击"常用"页面，可设置网络摄像机的设备名称和录像覆盖，界面如图 5-13 所示。

录像覆盖：当存储空间满后，若钩选循环写入，将覆盖最早的录像文件；若不钩选，则存储空间满后将提示空间满。如果设备为录像机,还有剪切片段。

图5-13　"配置设备常用参数"界面

（3）时间

选择"高级配置→系统→时间",单击"时间"页面,可设置网络摄像机时区及进行校时,界面如图5-14所示。

设置时区:进入时间设置配置界面,可以对网络摄像机进行校时。"时区"显示当前设备所在的时区,并可根据实际情况进行设置。

NTP校时:您可设置NTP服务器地址、NTP端口号和校时时间间隔,设备即按照设置每隔一段时间校时一次,设置完成后可以点击"保存",检测网络摄像机与NTP服务器之间连接是否正常。

启用DST:夏令时是指为节约能源而人为规定的一种地方时间的制度,在这一制度实行期间所采用的统一时间称为"夏令时间"。

图5-14　"时间"界面

（4）系统维护

选择"高级配置→系统→系统维护",单击"系统维护"页面,界面如图5-15所示。

重启:单击"重启",进行网络摄像机的重新启动。

恢复默认参数:完全恢复设备参数到出厂设置。

导入与导出配置文件：参数文件导入和导出功能，可方便用户进行网络摄像机设置相同参数。

升级文件：当网络摄像机需要升级时，您可将升级程序拷贝到本地计算机，单击"浏览"选择升级文件存放的路径，单击"升级"开始升级。

升级目录：是指将升级程序拷贝到本地计算机的某个目录，单击"浏览"选择该目录，单击"升级"开始升级，网络摄像机将自动分辨该目录下正确的升级文件并进行升级。

升级过程中请不要关闭电源，升级完成后网络摄像机将自动进行重启。

升级成功后网络摄像机自动重新启动，请不要关闭电源；导入导出配置文件必须在同型号同版本设备之间操作。

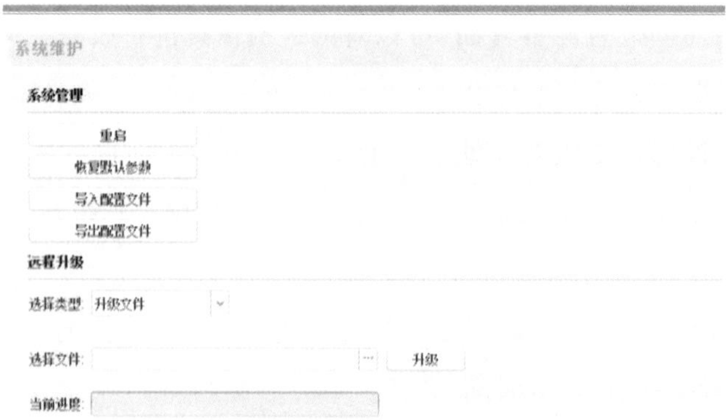

图5-15 "系统维护"界面

（5）日志查询

选择"高级配置→系统→日志"，单击"日志"页面，界面如图5-16所示。"日志"界面可以查询、显示和导出保存在网络摄像机内安装的SD卡的日志信息。当网络摄像机正常使用SD卡时，才能够正常地查询、查看及保存日志信息。

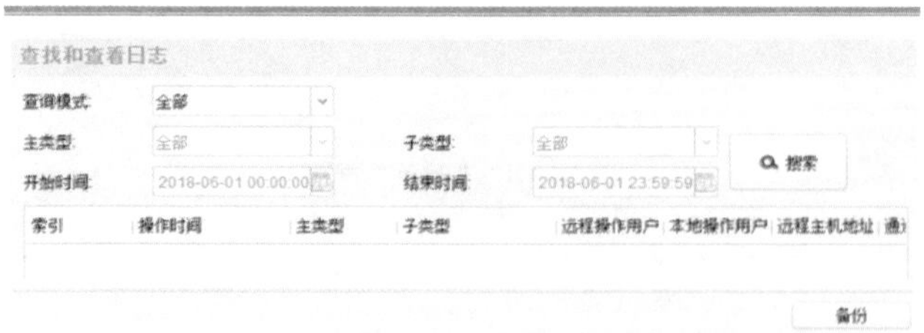

图5-16 "日志"界面

查询日志：选择日志类型，设置日志查询的日期和起止时间，单击"搜索"，列表中将显示符合条件的日志信息。单击"备份"，可以将日志信息保存到本地计算机。

2. 网络

（1）常用

选择"高级配置→网络→常用"，单击"常用"页面，界面如图5-17所示。

在"常用"界面，通过钩选"自动获取"，设备能自动获取IP地址；也可以手动输入相关的网络参数，请根据实际网络需要配置，前面章节已讲过。"MTU"项可以设置最大传输单元，指TCP/UDP 协议网络传输中所通过的最大数据包的大小。

图5-17　"常用"界面

（2）Wi-Fi配置

选择"高级配置→网络→Wi-Fi"，单击"Wi-Fi"页面。设备支持通过无线连接时，可以通过手动输入Wi-Fi的名称和密码，点击"保存"。

设置网络摄像机连接网络的无线参数：

①SSID：点击"选择"，客户可以选择当前需要连接的网络进行连接；安全模式：选择WPA2-PSK模式；加密类型：支持AES和TKIP选择。

②密码：无线网络Wi-Fi的密码。

以上参数设置完毕后，单击"保存"完成设置，如图5-18所示。

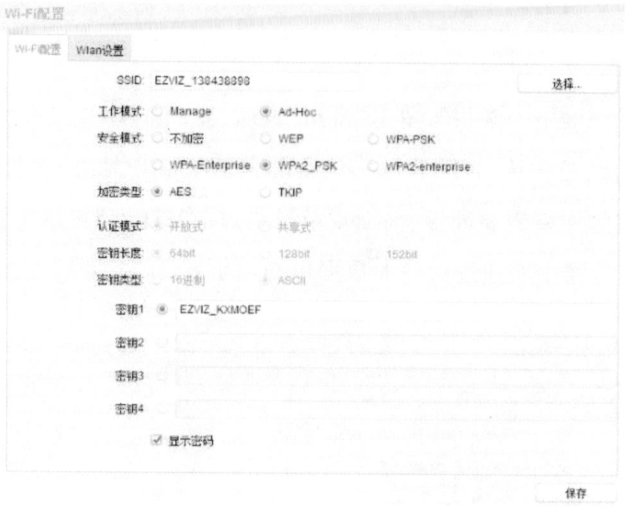

图 5-18　单击"保存"完成设置

通过无线网络连接的设备获取到的无线参数,钩选"自动获取",设备能自动获取 IP 地址;也可以手动输入相关的网络参数,前面章节已讲过,如图 5-19 所示。

图 5-19　获取参数

(3)高级配置

选择"高级配置→网络→高级配置",单击"高级配置"页面。设备需要通过域名访问或萤石云访问时,需配置正确可用的 DNS 服务器地址。参数修改完毕后,单击"保存"来保存设置,如图 5-20 所示。

图 5-20　参数修改完毕后单击"保存"

（4）存储

①常用

选择"高级配置→存储→常用"，单击"常用"页面。选择网络摄像机识别到的SD卡进行格式化，如果提示格式化成功，状态"正常"，表明该SD卡可正常使用。

存储模式配额：可设置各个设备的磁盘配额，包括图片容量、录像容量等，界面如图5-21所示。

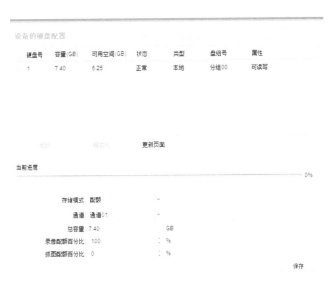

图5-21　"设备的磁盘配置"界面

②文件

选择"高级配置→存储→文件"，单击"文件"页面。在开始时间和结束时间设置要搜索的时间段，点击"搜索"。搜索到这段时间的所有录像文件，可以钩选要下载的录像，点击下载即可保存在电脑本地。

五、外网访问

1. 我的摄像机

（1）账号登录

点击萤石工作室界面右上方的"请登录"，输入注册的账号和密码，点击"登录"。

①如果是新用户，点击"注册"；输入用户名、密码、确认密码、手机号码及获取到的验证码，点击"下一步"即可注册成功，再次输入新的账号和密码即可登录，如图5-22所示。

图 5-22　用户注册

②如果客户已经注册过账号,但是忘记登录密码,点击"忘记密码",在账户位置输入注册的手机号或者用户名和手机获取到的短信验证码,设置新的密码成功后,再次输入账号和新密码即可登录。如图 5-23 所示。

图 5-23　设置新的密码登录

③如果客户已经注册过账号,密码忘记了,手机号暂停使用,无法获取到验证码,建议客户到手机萤石云视频申请解绑。

(2)分组

账号成功登录后,在"我的摄像机"里面可以看到账号内的所有设备,对于账号内的设备数量较大的,可以通过创建分组,便于管理。具体操作:先右键点击"我的摄像机",左键点击"添加分组"(例如分组名:录像机、摄像机、指纹锁)。

(3)排序

①分组排序:若账号下建立了很多分组,可以在分组名称上右击,选择"分组置顶"。

一个一个设置自己想要的分组排序,如图 5-24 所示。这个分组会直接上跳到第二位("我的摄像机"这个分组是不动的,始终在第一位)。

图 5-24　设置排序

②设备排序：摄像机与摄像机之间的顺序，可以通过修改摄像机的名称去更改。录像机通道排序可以自定义通道名称排序，排序规则默认按数字或者名称首字母顺序（数字默认优先级高于字母）。修改设备名称方法，点击萤石工作室左下角的"设备管理"，在"账号内设备"中点击名称后的"修改"按钮，设置名称，点击"保存"即可，如图 5-25 所示。

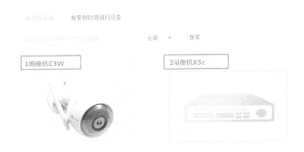

图 5-25　设置名称

（4）封面

设备的封面有 2 种表现形式。设备自动抓图和固定封面，但是在萤石工作室上是没有操作入口的，这个设置需要在萤石云视频手机客户端中操作（APP—对应设备—设置—视频封面—自动抓图/固定图片），手机端上操作完成后，萤石工作室设备列表刷新后封面会与萤石云视频同步更新。

2. 账号内设备

（1）删除设备

账号登录成功后，在左下方的"设备管理"里面找到账号内的设备，在设备的右上方有个垃圾桶的图标，点击会提示是否确认删除设备，确认之后设备将从账号内删除，如图 5-26 所示。

图5-26　删除设备

（2）添加设备

账号登录成功后,在工作室界面的左下方有个"＋"添加,点击"＋",手动输入设备序列号,点击"立即查询",点击搜索到设备的封面"＋",输入设备的6位验证码,即完成添加,如图5-27所示。

图5-27　添加设备

3.设备详情

（1）IPC基本信息（C3W为例）

账号登录成功后,在左下方的"设备管理"里面找到账号内的设备,点击设备封面显示图;进入"设备详情",如图5-28所示。

图5-28　设备详情

（2）设置WI-FI

设备是有线连接网络,如果要切换无线网络连接,点击"设置WI-FI",选择要连接的无线Wi-Fi,点击"连接"输入Wi-Fi的密码,点击"确定"即可。

如果在"选择WI-FI"没有搜索到要连接的Wi-Fi,可点击"WI-FI-手动输入"输入Wi-Fi

的网络名称(SSID)和网络密码,点击"连接"即可。

(3)转移设备

点击"转移设备",输入要转到的手机号或用户名及设备验证码,即可转移到新的账号下。如图5-29所示。

图5-29　"转移设备"界面

 任务实施一:萤石工作室视频监控系统的连接与使用

一、器件及材料准备

器件及材料准备如表5-1所示。

表5-1　器件及材料准备

序号	名　称	型号或规格	图　片	数　量	备注
1	网络摄像机	海康威视 DS-2CD2356(D)WD-I		1台	
2	网络摄像机筒机	海康威视 DS-2CD7T47DWD-IZ		1台	
3	硬盘录像机	海康威视 DS-7804NB-K1/C		1台	
4	高清全景摄像机	海康威视 DS-2PT3326IZ-D3		1台	

续表

序号	名　称	型号或规格	图　片	数　量	备注
5	液晶显示器	HP-17寸显示屏		1台	
6	硬盘	1T		1块	
7	路由器	TP路由器		1台	
8	电脑			1台	
9	网线			若干	
10	USB鼠标			1只	
11	电源UPS			1套	
12	螺丝刀			1把	

二、萤石工作室软件安装

满足以下配置的电脑,操作系统:Microsoft Windows 10/Windows 8/Windows 7(32/64位中、英文操作系统),Intel Pentium Ⅳ 3.0 GHz或以上CPU,2G或更高内存,支持1024×768显示,在官网下载萤石工作室软件并安装。

三、系统连线

所有线缆应根据设备安装位置设置电缆槽和进线孔,排列、捆扎整齐,编号,并有永久性标志。网络摄像头、硬盘录像机、电脑全部连接在路由器的LAN口上,路由器WAN口接外网。

四、用户注册

采用新用户注册方式进行注册并登录。

五、添加设备

账号登录成功后,在工作室界面的左下方有个"＋"添加,点击"＋",手动输入设备序列号,点击"立即查询",点击搜索到设备的封面"＋",输入设备的6位验证码,即完成添加。

六、进行网络配置

所有设备必须要在同一个局域网的一个 IP 段。可直接右键点击摄像头直接修改 IP,也可在硬盘录像机内设置。

①进入硬盘录像机网络设置界面,设置"IPv4 地址""IPv4 默认网关"等网络参数。

②点击"下一步",如图 5-30 所示。

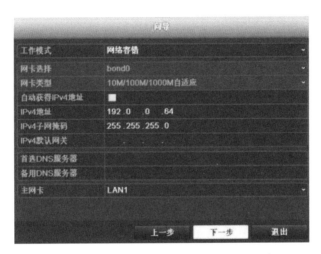

图 5-30　硬盘录像机网络设置界面

七、查看设备详情

看摄像头、硬盘录像机是否在线,IP 信息,等等。

八、使用萤石工作室软件进行各种功能的查看

假设你家里的海康威视萤石工作室视频监视系统已安装完毕,正在进行无间断录像。现在需要调取 3 天前 6:00—6:30 时段的录像,该如何操作?

任务评价

任务评价如表 5-2 所示。

表 5-2　任务评价表

评价项目	任务评价内容	分值	自我评价	小组评价	教师评价
职业素养	遵守实训室规程及文明使用实训器材	10			
	按实物操作流程规定操作	5			
	纪律、团队协作	5			
理论知识	认识萤石工作室软件的功能	10			
	认识系统接线	10			
实操技能	系统接线正确	20			
	硬盘录像机参数配置正确	10			
	系统调试成功	30			
总分		100			
个人总结					
小组总评					
教师总评					

任务二　萤石云视频系统

任务准备

“萤石云”(图 5-31)是海康威视针对家庭和企业用户推出的一款视频服务类门户软件。通过“萤石云”的视频服务,您可以轻松查看公寓、别墅、厂区、办公室等场所的实时视频、历史录像;通过“萤石云”的报警服务,您可以即时接收您所关注的场所的异常信息,第一时间采取安全防护措施。无论身在何处,家和企业就在您身边。

图 5-31　“萤石云”

一、萤石云视频的功能

"我的萤石云"展示部分最新消息、现场视频及最近登录情况的记录。

"视频库"可满足实时视频、历史录像、云存储图像录像、公共演示点的查看。

"消息"包含您最近收到的报警、留言、系统消息,还有设备的日报分析。

"云存储服务"查看、激活设备的云存储。

"配置管理"可管理设备(添加、删除、配Wi-Fi等),账号(传头像、修改密码、修改手机号)等。

手机客户端新增"收藏",可查看已收藏的视频。

手机客户端新增"设备语音提示"功能,可开启/关闭设备的语音提示。

二、设备的连接与安装

安装设备前,请将您的路由器连接电源与网络,并将设备通过网线连接到路由器上即可。

1. 设备连接

(1)网络摄像机(网络摄像机直连网络),如图5-32所示。

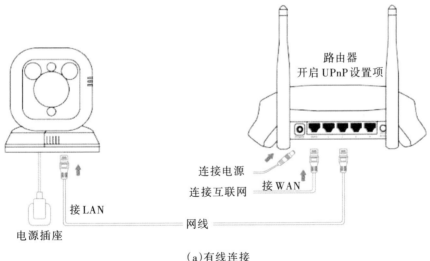

(a)有线连接

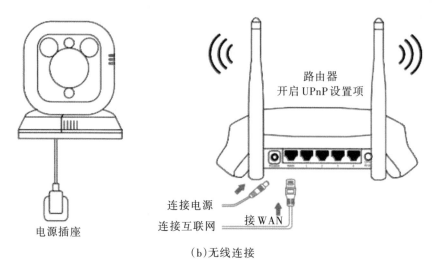

（b）无线连接

图 5-32　网络摄像机连接

（2）硬盘录像机（NVR 与摄像机组合使用），如图 5-33 所示。

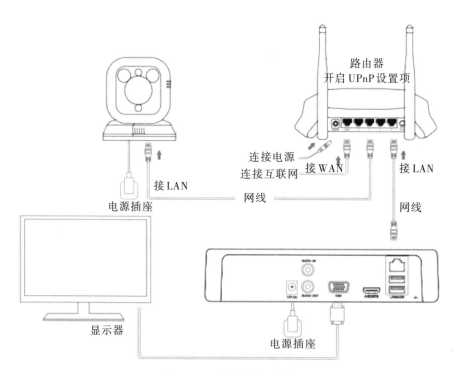

图 5-33　硬盘录像机连接

三、用户注册及登录

1. 注册

安装好手机客户端后,点击萤石云视频图标打开。在登录界面点击注册新账号按钮进入注册界面。

填写手机号码:用户填写手机号码后点击获取验证码,填写获取到的手机注册验证码,点击"下一步"。

设置账户密码:在设置账户密码页面填写密码,最后点击"完成"按钮,即可完成注册。

2. 用户登录

打开手机客户端,进入登录界面,填写好正确的用户名和密码后,点击"登录"按钮。登录成功后,进入"我的界面",如图5-34所示。

图5-34　"登录"界面

四、设备管理

1. 添加设备

温馨提示:摄像机连接后,需要3—5分钟自动完成注册,注册完成后才能添加。

添加时,需要确保手机客户端与待添加设备已连接网络。产品硬件上贴的二维码为快速操作指南。

在"我"的界面,点击"＋"按钮进入设备添加界面,可选择通过扫描二维码添加或手动输入序列号(序列号是设备唯一对应标志)两种方式添加设备。

①扫描二维码添加时,将二维码或序列号条码置于矩形框内,系统将自动识别并扫描该序列号,根据界面提示,完成添加摄像机和网络连接,如图5-35所示。

②序列号手动输入添加,在序列号扫描界面点击右上角的"✐"按钮,在输入框中输入9位设备序列号,点击"确定"按钮查询出序列号对应的摄像机,根据提示完成添加摄像机和网络连接,如图5-35所示。

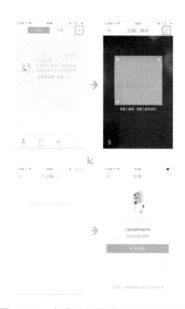

图5-35　完成添加摄像机和网络连接

2. 删除设备

在"我"的界面点击设备的名称,选择设置,点击右上角按钮,点击"删除设备"即可删除该设备,如图5-36所示。

图5-36　删除设备

3. 修改设备名称

在"我"的界面点击设备的名称,选择设置,点击名称区域进入名称修改界面,在输入框内修改摄像机名称后,点击"✓"保存修改,如图5-37所示。

图5-37　修改设备名称

五、网络配置

所有设备必须要在同一个局域网的一个IP段上。可直接右键点击摄像头直接修改IP,也可在硬盘录像机内设置:①进入硬盘录像机网络设置界面,设置"IPv4地址""IPv4默认网关"等网络参数;②点击"下一步",如图5-38所示。

图5-38　网络配置

任务实施一:萤石云视频监控系统的连接与使用

一、器件及材料准备

器件及材料准备如表5-3所示。

表5-3　器件及材料准备

序号	名　称	型号或规格	图　片	数　量	备注
1	网络摄像机	海康威视DS-2CD2356(D)WD-I		1台	
2	网络摄像机筒机	海康威视DS-2CD7T47DWD-IZ		1台	
3	硬盘录像机	海康威视DS-7804NB-K1/C		1台	
4	高清全景摄像机	海康威视DS-2PT3326IZ-D3		1台	
5	液晶显示器	HP-17寸显示屏		1台	

续表

序号	名　称	型号或规格	图　片	数　量	备注
6	硬盘	1T		1块	
7	路由器	无线		1台	
8	智能手机			1只	
9	网线			若干	
10	USB鼠标			1只	
11	电源UPS			1套	

二、萤石云视频软件安装

在手机市场下载安卓或者IOS版本的萤石云视频。

三、系统连线

所有线缆应根据设备安装位置设置电缆槽和进线孔,排列、捆扎整齐,编号,并有永久性标志。网络摄像头、硬盘录像机、全部连接在路由器的LAN口上,路由器WAN口接外网。

四、用户注册

采用新用户注册方式进行注册并登录。

五、添加设备

账号登录成功后,在工作室界面的左下方有个"＋"添加,点击"＋",自动或者手动输入设备序列号,点击"立即查询",点击搜索到设备的封面"＋",输入设备的6位验证码,即可完成添加。

六、进行网络配置

所有设备必须要在同一个局域网的一个IP段上。可直接右键点击摄像头直接修改IP,也可在硬盘录像机内设置:①进入硬盘录像机网络设置界面,设置"IPv4地址""IPv4默认网关"等网络参数;②点击"下一步",如图5-39所示。

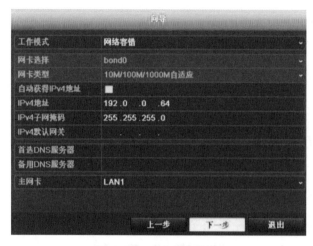

图 5-39　进行网络设置

七、查看设备详情

看摄像头、硬盘录像机是否在线，IP 信息，等等。

八、使用萤石云视频软件进行各种功能的查看

假设你家里的海康威视萤石云视频监视系统已安装完毕，正在进行无间断录像。现在需要查看家里的实时情况，该如何操作？

 任务评价

任务评价如表 5-4 所示。

表 5-4　任务评价表

评价项目	任务评价内容	分值	自我评价	小组评价	教师评价
职业素养	遵守实训室规程及文明使用实训器材	10			
	按实物操作流程规定操作	5			
	纪律、团队协作	5			
理论知识	认识萤石云视频软件的功能	10			
	认识系统接线	10			
实操技能	系统接线正确	20			
	硬盘录像机参数配置正确	10			

续表

评价项目	任务评价内容	分值	自我评价	小组评价	教师评价
实操技能	系统调试成功	30			
总分		100			
个人总结					
小组总评					
教师总评					

 练一练

一、填空题

1. 海康威视的萤石视频监控系统的种类有＿＿＿＿＿＿＿＿＿、＿＿＿＿＿＿＿＿＿。

2. 海康威视的萤石工作室的主要功能包括＿＿＿＿＿＿＿＿、＿＿＿＿＿＿＿、＿＿＿＿＿＿＿、＿＿＿＿＿＿＿＿、＿＿＿＿＿＿＿＿等。

3. 海康威视的萤石工作室用户注册方式有＿＿＿＿＿＿，＿＿＿＿＿＿＿、＿＿＿＿＿＿＿等。

4. 海康威视的萤石云视频主要功能包括＿＿＿＿＿＿＿＿、＿＿＿＿＿＿＿、＿＿＿＿＿＿、＿＿＿＿＿＿＿＿＿、＿＿＿＿＿＿＿＿＿、＿＿＿＿＿＿＿＿等。

5. 海康威视的萤石云视频设备添加方式有＿＿＿＿＿＿＿＿＿＿、＿＿＿＿＿＿＿＿＿＿。

二、简答题

1. 海康威视的萤石工作室客户端的电脑运行环境是什么？

2. 海康威视的萤石工作室设备如何添加？

3. 海康威视的萤石云视频的网络配置有何要求？

4. 海康威视的萤石云视频设备如何删除？

项目六　视频识别监控系统

 项目目标

1. 认识摄像机的组成、类型、性能及应用。

2. 掌握识别系统管理软件的安装配置方法。

3. 掌握识别系统管理软件的使用方法。

使用机器视觉和深度神经网络技术,精准识别摄像头前方的物体类型,如人、车、狗、猫、椅子、杯子等物体,并计算出前方障碍物离摄像头的距离。如图6-1所示,识别技术广泛应用于移动机器人、无人机、安防监控、智慧医疗等领域。

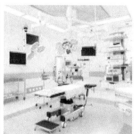

图6-1　识别技术应用

在安防监控领域里,经常要对进出车辆、人员进行安全检查,实现智能化的安防监控,从而衍生出车牌识别摄像机、人脸识别摄像机等各类识别摄像机。目前人脸识别、车牌识别已经在智能楼宇的日常生活中得到广泛应用。由于各类识别监控技术相差不多,本项目仅以车牌识别监控系统作为典型案例。

❋　任务一　车牌识别监控系统　❋

 任务情景

　　在政企单位、学校、医院、智能小区以及停车场,保安人员利用车牌识别监控系统对固定车辆与临时车辆进行出入口安全统一管理。如图6-2所示,当车辆行驶到识别区域时,车牌识别系统会自动对车辆的车牌号码进行识别判断,在显示界面中显示车辆的信息,如果车辆具备通行权限则给予放行。车牌识别监控系统监控记录车辆重要信息,在高速公路通行收费、城市道路交通安全监控、停车场管理等领域起到了重要作用。

图6-2　车牌识别视频监控系统

任务准备

　　车牌识别视频监控系统主要由车牌识别一体机、智能管理软件以及补光灯等辅助装置组成。如图6-3所示,车牌识别视频监控能监控路面车辆情况,并能自动提取车辆牌照信息进行处理的一套系统。当车辆进入车牌识别系统抓拍区域时,会触发车牌识别一体机抓拍车辆的图像并自动识别出车牌号。

　　车牌识别一体机主要由车牌识别摄像机、LED显示屏(包括控制主板、语言模块、喇叭、电源)、立柱、LED补光灯以及专业管理软件等组成,如图6-3所示。

高清车牌识别摄像机

图6-3　车牌识别摄像机

一、车牌识别摄像机

车牌识别摄像机是基于嵌入式的智能高清车牌识别一体机产品,具有车牌识别、摄像、前端储存、补光等功能。摄像机采用百万像素高清识别技术,采用高清宽动态CMOS和TI DSP,峰值计算能力高达6.4 GHZ,提供H.264、MPEG4、MJPEG的实时码流,结合高性能的视频压缩算法,使图片传输更加流畅。

如图6-4所示,车辆行驶到检测区域时,车牌上反射光被摄像机镜头收集,聚焦在摄像器件受光面上,通过摄像器件把光学图像信号转变为电信号,得到"视频信号",再通过车牌识别算法分析,能够实时准确地自动识别出车牌的数字、字母、汉字字符,从而识别出车牌号。同时管理者还可以通过抓拍到的图片识别出车辆特征,如车型、颜色等,以便于存储或者传输。

图6-4　车牌抓拍

车牌识别摄像机采用的宽动态CMOS、基于车牌的局部曝光、图像算法控制的补光技术等,完全区别于普通的车牌识别摄像机,可以自动跟踪光线变化,有效抑制顺光和逆光,尤其在夜间可以抑制汽车大灯的干扰,从而清晰地拍到车牌,如图6-5所示。

图6-5 夜间补光

特别是基于图像算法控制的补光,避免了传统光敏电阻补光的不稳定性,从而完全保证在黑夜、逆光、大灯直射、恶劣天气等环境下的良好成像效果。

打开车牌识别摄像机盖子,即可看到车牌摄像机里面的接线柱。车牌识别摄像机接线情况如图6-6所示,A2、B2是LED显示屏485控制线,A1、B1是语音485控制线(仅在有语音模块的时候采用),OUT1、OUT2为道闸控制线。

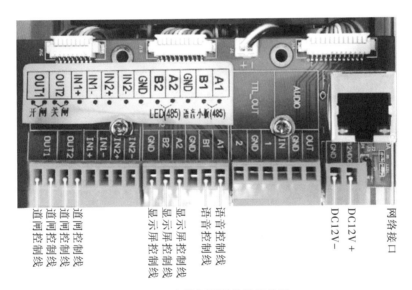

图6-6 车牌识别摄像机接线图

二、车牌识别管理系统

如图6-7所示,车牌识别管理系统是车辆进出管理的依据,能智能实现车牌的自动检测。

智能楼宇视频监控技术

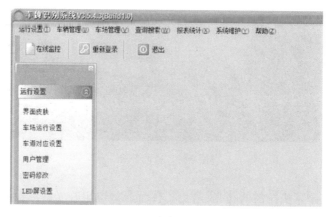

（a）

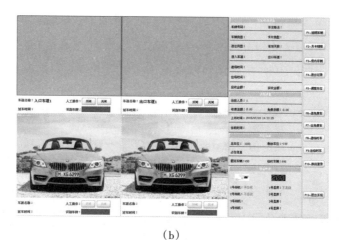

（b）

图6-7　车牌识别管理系统

任务实施

一、器件及材料准备

器件及材料准备如表6-1所示。

表6-1　器件及材料准备

序号	名　称	型号或规格	图　片	数量	备注
1	车牌识别摄像机	海康威视车牌识别摄像机 DS-TCG225		1台	

116

序号	名　称	型号或规格	图　片	数量	备注
2	交换机	H3C-1224R		1台	
3	软件	车牌识别管理系统		1套	
4	计算机	Windows 7系统		1台	
5	网线	双绞线RJ-45		若干	

二、车牌识别监控系统连接

如图6-8所示,车牌识别监控系统涉及车牌识别摄像机与LED显示屏的接线,然后车牌识别摄像机通过网线与交换机、管理电脑(或服务器)组成局域网,由管理软件实现对车牌的识别管理。

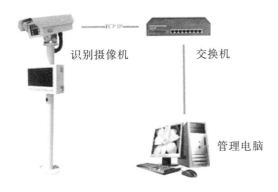

图6-8　车牌识别监控系统连接示意图

三、通电检查

(1)检查车牌识别终端是否启动,摄像头和LED显示屏是否正常工作,语音系统有无提示音。

(2)检查电脑、交换机的网络是否正常闪烁。

四、车牌识别管理系统安装与调试

(一)车牌识别管理系统安装

车牌识别管理系统的安装,如图6-9所示。

图6-9　车牌识别管理系统安装

请先安装好SQL Server2000\2005\2008后,运行以下软件安装步骤。

1. 创建和连接数据库

数据库安装参考附录A,如果已经安装SQL 2000以上数据库,可以选择SQL Server用户与密码登录。

2. 安装车牌识别软件

按照提示完成车牌识别软件的安装,如图6-10所示。

图6-10　按照提示完成车牌识别软件的安装

(二)运行准备

1. 操作前准备

先插入加密狗到电脑 USB 插口,然后单击桌面图标"🚗"车牌识别停车场系统。

2. 登录系统

登录系统如图6-11所示。

图6-11　登录系统

进入系统登录界面,第一次登录系统时,可以通过超级管理员用户名"system"进入系统,登录密码为"××××"。

3. 注册与延期

当无系统使用权限或者系统使用权限已过期,需要开通系统使用权限。"开通或延期号"通过厂家获取,如图6-12所示。

图6-12　注册与延期

4. 相机授权

车牌识别相机加入系统后,能正常使用,必须先进行授权,正确授权的相机才可以使用。每台相机有一个唯一序列号,产品发货时,加密狗中已经默认将相机进行了授权。若后期项目增加新的相机后,必须先授权,再进行使用。授权方式如图6-13所示。

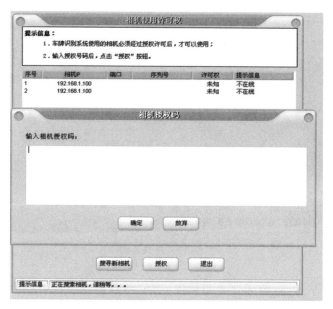

图6-13　相机授权

5. 主界面

程序运行后,程序界面如图6-14所示,主要有主窗口、菜单栏、工具栏和控制窗口。系统主要功能有运行设置、车辆管理、车场管理、查询搜索、报表统计、系统维护、帮助、在线监控等。

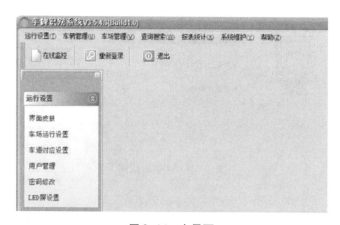

图6-14　主界面

（三）软件操作

1. 车牌识别设置

车牌识别设置如图 6-15 所示。

图 6-15 车牌识别设置

"精确匹配"是指完全匹配，即识别到的车牌必须和注册的车牌一致才能进出场。

"首汉字参与识别"选择车牌首汉字参与识别（默认不参与识别）。

"脱机开闸"启用月卡白名单功能。

"进出场时间限制"单通道情况下，为了防止读到尾牌，设置一个合适的等待时间。

2. LED 屏设置

可以进行 LED 屏的显示设置，如图 6-16 所示，检查摄像机 IP 是否正确，出入口是否对应，摄像机是否在线。

图 6-16 LED 屏设置

根据选择的屏的行数来设置每一行显示的内容、字体颜色（这个要看选择的屏的型号是否支持）、显示方式、显示速度、停留的时间等内容，如图 6-17 所示。

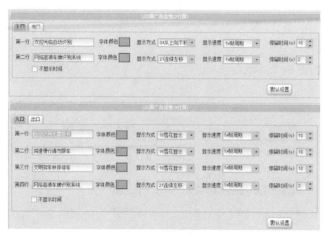

图 6-17　根据选择的屏的行数来设置

3. 车牌管理

固定卡车牌信息。录入车牌时,必须保证车牌的格式正确,选择相对应的机号(默认全选)。选择了相应机号,车辆就有相对应的进出权限,如图 6-18 所示。

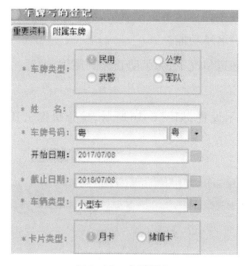

图 6-18　车牌录入

4. 车场管理

固定车牌、临时车牌出入车场时,车牌识别监控系统可以实施在线监控,进行车辆信息、车场信息、停车时间、收费金额、抓拍图片、手工开关闸等信息的获取,如图 6-19 所示。

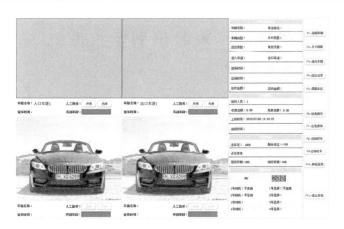

图6-19　在线监控

五、系统测试

（1）检查车牌识别摄像机的识别效果。

（2）检查主界面中的监控画面情况。

 **任务评价**

任务评价如表6-2所示。

表6-2　任务评价表

评价项目	任务评价内容	分值	自我评价	小组评价	教师评价
职业素养	遵守实训室规程及文明使用实训器材	10			
	按操作流程规定操作	5			
	纪律、团队协作	5			
理论知识	了解车牌识别摄像一体机的基本组成	10			
	了解车牌识别管理系统软件	10			
实操技能	掌握车牌识别监控系统的接线	20			
	掌握车牌识别管理系统的安装	10			
	掌握车牌识别管理系统的调试	30			
总分		100			
个人总结					
小组总评					
教师总评					

❉ 任务二 人脸识别监控系统 ❉

🔊 任务情景

由于视频监控快速普及,众多的视频监控应用迫切需要一种远距离、用户非配合状态下的快速身份识别技术,以求远距离快速确认人员身份,实现智能预警。如图6-20所示,人脸识别系统广泛应用于公安、金融、机场、地铁、边防口岸、体育场、超级市场等,对人员身份进行自然比对识别的重要领域。例如,机场安装监视系统以防止恐怖分子登机;银行的自动提款机,用户卡片和密码被盗,就会被他人冒取现金。人脸识别技术用于身份识别无疑是最佳的选择,采用快速人脸检测技术可以从监控视频图像中实时查找人脸,并与人脸数据库进行实时比对,从而实现快速身份识别。

图6-20 人脸识别在机场安检中的应用

☁ 任务准备

一、人脸识别系统

人脸识别系统主要包括四个组成部分:人脸图像采集及检测、人脸图像预处理、人脸图像特征提取以及匹配与识别。

1. 人脸图像采集及检测

(1)人脸图像采集

不同的人脸图像都能通过摄像镜头采集下来,比如静态图像、动态图像、不同的位置、不同的表情等都可以得到很好的采集。当用户在采集设备的拍摄范围内时，采集设备会自动搜索并拍摄用户的人脸图像。

（2）人脸检测

人脸检测在实际中主要用于人脸识别的预处理，即在图像中准确标定出人脸的位置和大小。人脸图像中包含的模式特征十分丰富，如直方图特征、颜色特征、模板特征、结构特征及 Haar 特征等。人脸检测就是把这其中有用的信息挑出来，并利用这些特征实现人脸检测。

主流的人脸检测方法，基于以上特征采用 Adaboost 学习算法。Adaboost 算法是一种用来分类的方法，它把一些比较弱的分类方法合在一起，组合出新的很强的分类方法。

人脸检测过程中，使用 Adaboost 算法挑选出一些最能代表人脸的矩形特征（弱分类器），按照加权投票的方式将弱分类器构造为一个强分类器，再将训练得到的若干强分类器串联组成一个级联结构的层叠分类器，有效地提高分类器的检测速度。

2. 人脸图像预处理

人脸图像预处理：对人脸的图像预处理，是基于人脸检测结果，对图像进行处理并最终服务于特征提取的过程。系统获取的原始图像因为受到各种条件的限制和随机干扰，往往不能直接使用，必须在图像处理的早期阶段对它进行灰度校正、噪声过滤等图像预处理。对于人脸图像而言，其预处理过程主要包括人脸图像的光线补偿、灰度变换、直方图均衡化、归一化、几何校正、滤波以及锐化等。

3. 人脸图像特征提取

人脸图像特征提取：人脸识别系统可使用的特征通常分为视觉特征、像素统计特征、人脸图像变换系数特征、人脸图像代数特征等。人脸特征提取就是针对人脸的某些特征进行的。人脸特征提取，也称人脸表征，它是对人脸进行特征建模的过程。人脸特征提取的方法归纳起来分为两大类：一种是基于知识的表征方法；另外一种是基于代数特征或统计学习的表征方法。

基于知识的表征方法主要是根据人脸器官的形状描述，以及他们之间的距离特性来获得有助于人脸分类的特征数据，其特征分量通常包括特征点间的欧氏距离、曲率和角度等。人脸由眼睛、鼻子、嘴、下巴等局部构成，对这些局部和它们之间结构关系的几何描述，可作为识别人脸的重要特征，这些特征被称为几何特征。基于知识的人脸表征，主要包括基于几何特征的方法和模板匹配法。

4. 人脸图像匹配与识别

人脸图像匹配与识别：提取的人脸图像的特征数据与数据库中存储的特征模板进行搜索匹配，通过设定一个阈值，当相似度超过这一阈值，则把匹配得到的结果输出。人脸识别就是将待识别的人脸特征与已得到的人脸特征模板进行比较，根据相似程度对人脸的身份信息进行判断。这一过程又分为两类：一类是确认，是　对　进行图像比较的过程；另一类是辨认，是一对多进行图像匹配对比的过程。

二、人脸识别一体机

如图 6-21 所示为人脸识别一体化终端，支持 WG26、WG34，利用人脸特征的唯一性进行精准识别，确认人员的通行权限。支持读取身份证、IC卡上人脸照片进行 1:1 人脸验证。

1. 主要功能

（1）动态人脸识别

实时抓拍人脸并与人脸库做比对，比对成功后会在显示屏上显示比对结果。

（2）人证核验

通过读卡器读取身份证或IC卡中证件照，与摄像头抓拍的照片做人脸 1:1 比对。

（3）人员通行记录管理

保存人员通行记录信息。所记录的信息能够发给后台管理平台，供查询统计。

人脸识别一体化终端		
屏幕	尺寸	5英寸，170°IPS 液晶屏
	分辨率	480×854
摄像机	分辨率	200W 像素
	类型	RGB 摄像头
	光圈	F2.4
	焦距	6 mm
	白平衡	自动
	宽动态	支持
	垂直广角	52 度
	水平广角	29 度
核心参数	CPU	4 核，1.8 GHz
	存储容量	内存2G，储存8G
接口	音频	1路音频输出（line out）
	视频	HDMI2.0 Type-A接口 1 个
	串行通讯接口	1 个 RS232 接口
	复位接口	设备背面 RESET 小孔
	网络接口	1 个 RJ45 10M/100M 自适应以太网口
功能	人脸检测	同时支持检测跟踪 5 个人
	1：N 人脸识别	误识别率万分之三的条件下，识别准确率 99.7%
	陌生人检测	支持
	识别距离配置	支持
	UI 界面配置	支持
	设备远程升级	支持
	部署方式	支持公网、局域网使用
常规参数	防护等级	IP42，一定的防尘防水功能
	电源	DC12V（±10%）
	工作温度	-10°C~60°C（可选配恒温器）
	工作湿度	10%~90 %
	功耗	10W MAX
	设备尺寸	560.25×φ114 mm（高×直径）
	重量	≈5 kg

图 6-21　人脸识别一体化终端

（4）人脸库管理

后台管理软件的人脸库中新增、修改、删除容许通行的人脸照片，人脸库的更新数据会自动同步至设备。

2. 终端接线

人脸识别一体化终端接线端接线如图 6-22 所示。

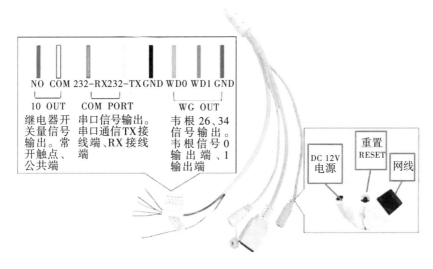

图6-22　人脸识别一体化终端接线端

三、人脸识别管理系统

如图6-23所示,人脸识别管理系统是人员身份核实的依据,能智能实现人证合一的自动检测。

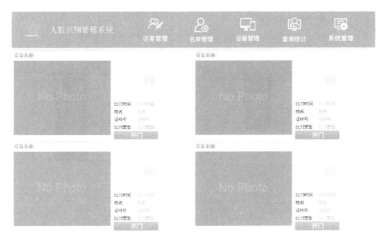

图6-23　人脸识别管理系统

任务实施

一、器件及材料准备

器件及材料准备如表6-3所示。

表6-3 器件及材料准备

序号	名　称	型号或规格	图　片	数量	备注
1	人脸识别终端	WG26通信型		2只	
2	交换机	H3C-1224R		1台	
3	人脸识别管理系统	人脸识别管理系统 V1.6.2		1套	
4	计算机	Windows 7系统		1台	
5	网线	双绞线RJ45		若干	

二、人脸识别监控系统接线

如图6-24所示,将人脸识别管理系统与人脸识别终端通过交换机直接组成局域网。

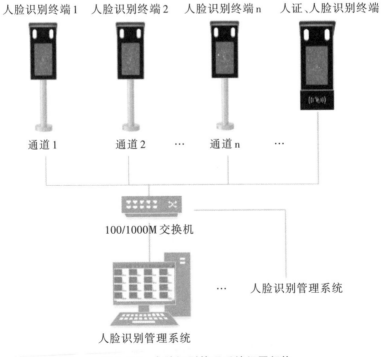

图6-24　人脸识别管理系统组网架构

三、通电检查

(1)检查人脸识别终端是否启动,摄像头是否正常工作,有无提示音。

(2)检查电脑、交换机的网络是否正常闪烁。

四、人脸识别监控系统调试

(一)人脸识别管理系统安装

解压人脸识别管理软件压缩包,双击人脸安装软件图标"　人脸识别管理系统.exe ",进入安装界面,界面如图6-25所示。

图6-25　人脸识别管理系统安装界面

点击"下一步",如图6-26所示。

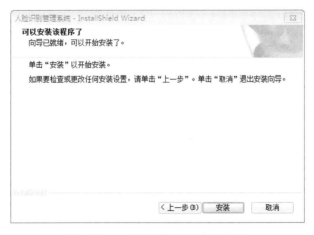

图6-26　人脸识别管理系统安装提示

点击"安装",等待安装完成。安装完成后,系统将在桌面自动生成人脸识别管理系统图标和数据库创建工具图标,如图6-27所示。

图6-27　人脸识别管理系统图标和数据库创建工具图标

若在电脑桌面上未找到图标,请通过windows"开始→所有程序→人脸识别管理系统"文件夹找到图标,并创建快捷方式到电脑桌面上。

(二)数据库创建

双击电脑桌面的数据库创建工具图标"　",进入数据库创建界面,如图6-28所示。

图6-28　数据库创建界面

可选择数据库类型,MySQL数据库首次使用时会自动创建,填写数据库参数,点击"连接测试",提示如图6-29所示。

图6-29　登录数据库成功

提示成功后,点击"创建",提示如图6-30所示。

图6-30　创建数据库成功

提示成功后,点击"数据库升级",提示如图6-31所示。

图6-31　数据库升级成功

提示成功后,关闭数据库创建工具,提示如图6-32所示。

图6-32　保存数据库成功

(三)系统登录

步骤一:双击电脑桌面人脸识别软件图标"   ",或者点击桌面"开始→所有程序→人脸识别管理系统"文件夹下的"   人脸识别管理系统   "图标,进入登录界面,如图6-33所示。

图6-33　人脸识别软件登录界面

步骤二：输入账号和密码，点击"登录"进入系统主界面，默认的账号：admin，密码：123456，钩选"记住账号"，系统将记住登录账号，无须再填写账号。

系统登录后，进入系统主界面，首次进入主界面默认为16路实时监控显示画面。主界面如图6-34所示。

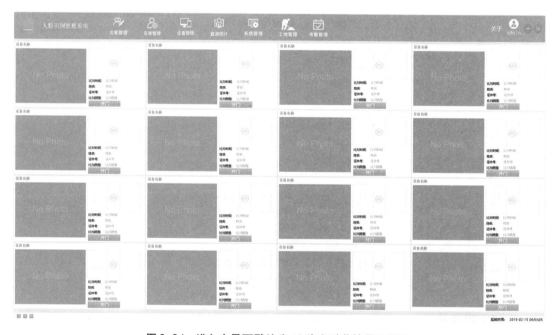

图6-34　进入主界面默认为16路实时监控显示画面

（四）添加设备

将人脸识别终端设备添加到人脸识别管理系统中，并进行设备参数修改。

1. 自动查找

点击"设备管理→新增→查找"，系统查找到的人脸识别终端设备将显示在列表中，可修改设备IP地址和网关，修改完成后点击"确认添加"将设备添加到系统中。

添加设备界面如图6-35所示。

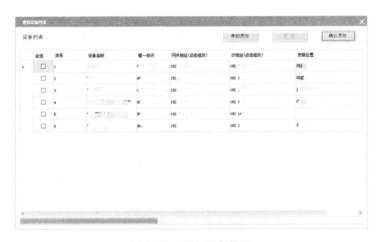

图6-35　添加设备界面

2. 修改设备参数

在设备列表选择设备后，点击"修改"按钮，进入设备信息修改界面，可对设备的名称、安装位置、出入类型、人脸语音提示、全景照片存储、开启图片监控、补光灯类型、全景照片上传、黑名单记录上传、数据自动覆盖等参数进行修改。

（五）新增白名单

添加白名单主要是对白名单人员信息进行登记，录入白名单人员信息。

点击"添加"，输入姓名、性别、民族、身份证号、ID/IC卡号、地址、名单有效期、楼栋（公司）、单元（公司）、房号，完成信息输入；或使用身份证阅读器直接读取人员信息，输入人员信息完成后，需至少采集一张人员照片，可通过选择电脑上存储的照片，也可使用电脑摄像头拍摄清晰的正脸照片（台式电脑需要连接USB摄像头），然后点击"保存"按钮，完成白名单添加任务。添加白名单界面如图6-36所示。

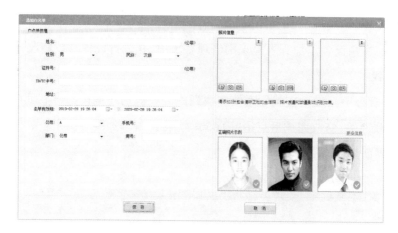

图6-36 "添加白名单"界面

白名单登记完成后,在白名单管理界面选定需要下发的白名单,并选择需要下发的设备,点击"下发白名单"按钮,系统将选定白名单数据下发到选定的设备上。

(六)系统设置

点击系统管理下菜单的"系统设置",弹出系统设置窗口,设置界面如图6-37所示。

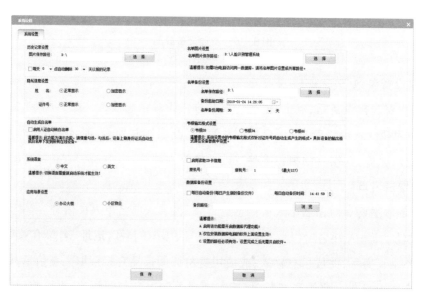

图6-37 "系统设置"界面

(1)历史记录图片保存位置:选择识别比对记录中比对照片的图片存储路径,选择路径时建议选择文件夹保存图片。

(2)保存时长:选择数据保存时长,及自动删除数据的时间,到期后系统将自动删除数据中的数据和存储的照片。

(3)显示:配置系统主界面比对记录中人员姓名和身份证号码显示方式。

正常显示时,将显示所有姓名和身份证号码;加密显示时,姓名加密显示,身份证号码仅显示前6位。

(4)自动生成白名单:钩选后,系统将自动将人证比对成功的人员转为白名单。

(5)场景选择:选择系统应用场景。

(6)名单图片保存设置:配置白/黑名单照片的存储文件夹。

(7)名单备份设置:配置白名单自动备份的周期,并设置备份名单存储的路径。

(8)韦根输出格式设置:系统默认使用韦根26编译方式,修改不同的韦根输出方式,增加白名单时将按照设置的韦根输出格式显示和导出。

(9)读卡器启用配置:若需要使用IC卡刷卡方式,则需要启用读取IC卡信息,配置IC读卡器机号并设置新机号,用于人脸识别登记时发卡。若不使用IC卡功能,则不需要开启此功能。

(10)数据库备份设置:配置数据库自动备份周期和时间,选择数据库备份文件的存储路径。

五、人脸识别监控系统测试

(1)检查人脸识别终端的识别效果。

(2)检查主界面中的监控画面情况。

 知识拓展

人脸识别技术原理

一、人脸识别技术

人脸识别技术包含人脸检测、人脸跟踪和人脸比对三个部分。

1. 人脸检测

面貌检测是指在动态的场景与复杂的背景中判断是否存在面像,并分离出这种面像。人脸检测一般有下列几种方法。

(1)参考模板法。首先设计一个或数个标准人脸的模板,然后计算测试采集的样品与标准模板之间的匹配程度,并通过阈值来判断是否存在人脸。

(2)人脸规则法。人脸具有一定的结构分布特征。所谓人脸规则法,即指提取这些特征生成相应的规则,以判断测试样品是否包含人脸。

(3)样品学习法。采用模式识别中人工神经网络的方法,即通过对面像样品集和非面像

样品集的学习产生分类器。

（4）肤色模型法。依据面貌、肤色在色彩空间中分布相对集中的规律来进行检测。

（5）特征子脸法。将所有面像集合视为一个面像子空间，并基于检测样品与其在子空间的投影之间的距离判断是否存在面像。

2. 人脸跟踪

面貌跟踪是指对被检测到的面貌进行动态目标跟踪，具体采用基于模型的方法或基于运动与模型相结合的方法。此外，利用肤色模型跟踪也不失为一种简单而有效的手段。

3. 人脸比对

面貌比对是对被检测到的面貌像进行身份确认，或在面像库中进行目标搜索。实际上，是将采样到的面像与库存的面像依次进行比对，并找出最佳的匹配对象。所以，面像的描述决定了面像识别的具体方法与性能。目前主要采用特征向量与面纹模板两种描述方法。

（1）特征向量法。先确定眼虹膜、鼻翼、嘴角等面像五官轮廓的大小、位置、距离等属性，然后再计算出它们的几何特征量，而这些特征量形成描述该面像的特征向量。

（2）面纹模板法。在库中存贮若干标准面像模板或面像器官模板，在进行比对时，将采样面像所有像素与库中所有模板采用归一化相关量度量进行匹配。此外，还有采用模式识别的自相关网络或特征与模板相结合的方法。

人脸识别技术的核心，实际为"局部人体特征分析"和"图形/神经识别算法"。这种算法是利用人体面部各器官及特征部位的方法。如，对应几何关系多数据形成识别参数与数据库中所有的原始参数进行比较、判断与确认，一般要求判断时间少于1s。

二、人脸的识别过程

人脸的识别过程一般分为三个步骤。

1. 建立人脸的面像档案

用摄像机采集单位人员人脸的面像文件或取他们的照片形成面像文件，并将这些面像文件生成面纹（Faceprint）编码贮存起来。

2. 获取当前的人体面像

用摄像机捕捉当前出入人员的面像，或取照片输入，并将当前的面像文件生成面纹编码。

3. 用当前的面纹编码与档案库存的比对

将当前面像的面纹编码与档案库存中的面纹编码进行检索比对。上述的"面纹编码"方式是根据人脸脸部的本质特征和开头来工作的。这种面纹编码可以抵抗光线、皮肤色调、面部毛发、发型、眼镜、表情和姿态的变化，具有强大的可靠性，从而使它可以从百万人中精确地辨认出某个人。人脸的识别过程,利用普通的图像处理设备就能自动、连续、实时地完成。

任务评价

任务评价如表6-4所示。

表6-4　任务评价表

评价项目	任务评价内容	分值	自我评价	小组评价	教师评价
职业素养	遵守实训室规程及文明使用实训器材	10			
	按操作流程规定操作	5			
	纪律、团队协作	5			
理论知识	了解人脸识别系统的基本组成	10			
	了解人脸识别管理系统软件	10			
实操技能	掌握人脸识别监控系统接线	20			
	掌握人脸识别管理系统的安装	10			
	掌握人脸识别监控系统的调试	30			
总分		100			
个人总结					
小组总评					
教师总评					

练一练

一、填空题

1. 车牌识别一体机是指把车牌识别功能集成到_____的一体化摄像机,集车牌识别、_____、_____、_____等功能于一体。

2. 车牌识别一体机主要由车牌识别摄像机、_____、_____、_____以及专业管理软件等组成。

3. 人脸识别系统主要包括人脸_____、_____、_____ _____以及_____等四个组成部分。

二、简答题

1. 简述车牌识别一体机的组成。

2. 简述车牌识别管理系统如何进行设备配置。

3. 简述人脸识别一体机的组成。

4. 简述人脸识别管理系统如何进行设备配置。

附录 数据库 *SQL Server 2005*

目前,很多公共场所(车站、图书馆、科技园以及校园等)都采用了智能化门禁系统。该系统又称出入管理控制系统(Access Control System),是一种管理人员进出的智能化管理系统,特别是车站的自动售检票系统(简称AFC)。检票机门禁系统一般由控制器、读卡器、感应卡、闸机、综合管理服务器、系统管理工作站、制卡系统等组成,可实行分级管理、电脑联网控制。当旅客通行检票时,借助管理服务器数据库进行数据比对,进行适当级别的权限鉴别,判定能否通行,并可自动生成各种报表,提供事后的记录信息等。如附录图1-1所示,数据库在门禁系统中起到了重要的作用。

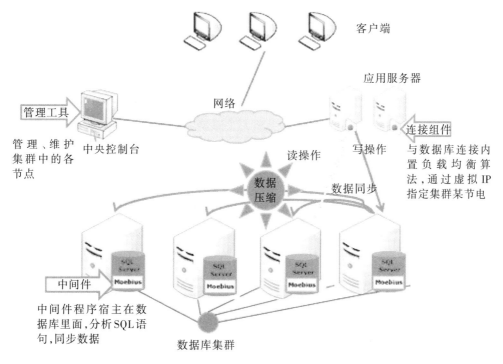

附录图1-1 数据库结构图

一、SQL Server 数据库

SQL Server数据库是美国Microsoft公司推出的一种关系型数据库系统,它最初是由Microsoft、Sybase和Ashton-Tate三家公司共同开发的。Windows NT推出后,Microsoft将SQL Server移植到Windows NT系统上,并开发推广SQL Server的Windows NT版本。

SQL Server是一个可扩展的高性能的为分布式客户机/服务器系统所设计的数据库管理系统,与Windows NT有机结合,提供基于事务的企业级信息管理系统方案。

主要特性有:

(1)高性能设计,可充分利用Windows NT的优势。

(2)系统管理先进,支持Windows图形化管理工具,支持本地和远程的系统管理和配置。

(3)强大的事务处理功能,采用各种方法保证数据的完整性。

(4)支持对称多处理器结构、存储过程、ODBC,并具有自主的SQL语言。

SQL Server以其内置的数据复制功能、强大的管理工具、与Internet的紧密集成和开放的系统结构,为广大的用户、开发人员和系统集成商提供一个出众的数据库平台。

SQL语句可以用来执行各种各样的操作,例如更新数据库中的数据,从数据库中提取数据等。目前,绝大多数流行的关系型数据库管理系统,如Oracle,Sybase,Microsoft SQL Server,Access等都采用了SQL语言标准。虽然很多数据库都对SQL语句进行了再开发和扩展,但是包括Select,Insert,Update,Delete,Create以及Drop在内的标准的SQL命令仍然可以被用来完成几乎所有的数据库操作。

SQL Server 2005是一个全面的数据库平台,使用集成的商业智能(BI)工具提供企业级的数据管理。SQL Server 2005数据库引擎为关系型数据和结构化数据提供了更安全可靠的存储功能,可以构建和管理用于业务的高可用性和高性能的数据应用程序。SQL Server 2005结合了分析、报表、集成和通知功能,可以构建和部署经济有效的BI解决方案,帮助您的团队通过记分卡、Dashboard、Web services和移动设备将数据应用推向业务的各个领域。

SQL Server 2008是一个重大的产品版本,它推出了许多新的特性和关键的改进,有了新的信息类型,例如图片和视频的数字化和从RFID标签获得的传感器信息,公司数字信息的数量在急剧增长。

二、Windows 系统的 IIS

IIS是Internet Information Services的缩写,意为互联网信息服务,是由微软公司提供的基于运行Microsoft Windows的互联网基本服务。IIS是一种Web(网页)服务组件,其中包括

Web服务器、FTP服务器、NNTP服务器和SMTP服务器，分别用于网页浏览、文件传输、新闻服务和邮件发送等方面。

IIS版本及Windows版本对照，如附录表1-1所示。

附录表1-1　IIS版本及Windows版本对照表

IIS版本	Windows版本	备　注
IIS 5.0	Windows 2000	安装相关版本NetFrameWork的RunTime，可支持ASP.NET 1.0/1.1/2.0的运行环境

三、Windows 7系统IIS 7.0的安装与检查

（1）如附录图1-2所示，依次点击"开始→控制面板→程序"，选择"打开或关闭Windows功能"。

附录图1-2　选择"打开或关闭Windows功能"

（2）如附录图1-3所示，找到"Internet信息服务"，默认是没有钩选的。Web 服务器支持动态内容，需要将"Internet信息服务"分支"FTP服务器""Web管理工具""万维网服务"其下分支展开，所有子项全部钩选，使左侧的方框中为"√"。

附录图 1-3　找到"Internet 信息服务"

（3）点击"确定"，等待 Windows 7 系统完成 IIS 7.0 的安装。

（4）打开浏览器输入"http://localhost/"，进行 Windows 7 系统 IIS 7.0 的检查，IIS 7.0 正常如附录图 1-4 所示。

附录图 1-4　进行 Windows 7 系统 IIS 7.0 的检查

四、Windows 7 系统 SQL Server 2005 的安装

选择 SQL Server 2005 版本，如果是 Windows 7/64bit 操作系统，打开"SQL Server x64"文件夹；如果是 Windows 7/32bit 操作系统，打开"SQL Server x86"文件夹。再继续打开"Servers"文件夹，运行里面的"setup.exe"文件。

安装SQL Server 2005时,可能会多次遇到提示兼容性问题的情况,此时不用理会,直接点击"运行程序"即可。

(1)如附录图1-5所示,打开安装主界面,选中"我接受许可条款和条件",点击"下一步"。

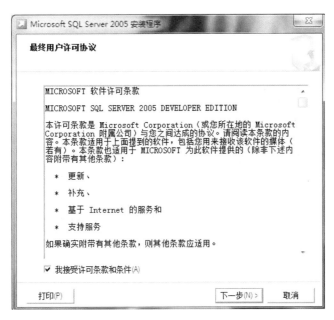

附录图1-5　打开安装主界面

(2)如附录图1-6所示,安装必备组件后,点击"下一步"。

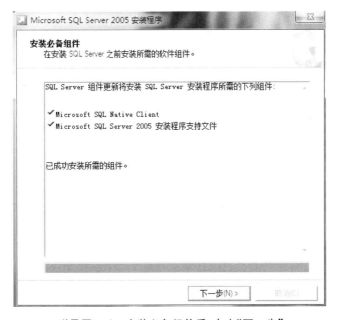

附录图1-6　安装必备组件后,点击"下一步"

（3）如附录图1-7所示，等待系统配置检查完成后，达到14项成功后，点击"下一步"。

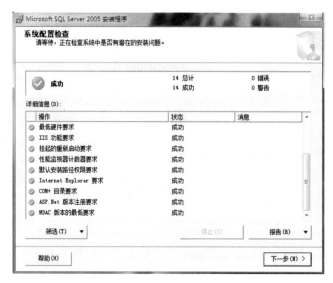

附录图1-7　系统配置要达到14项成功

（4）如附录图1-8所示，输入"姓名"和"公司"（可不填），然后点击"下一步"。

附录图1-8　输入"姓名"和"公司"

（5）如附录图1-9所示，将左边要安装的组件打上钩，然后点击"下一步"。

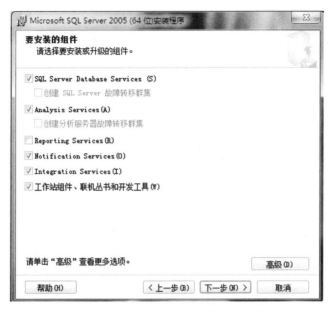

附录图 1-9　将左边要安装的组件打钩

（6）如附录图 1-10 所示，默认实例，点击"下一步"。

附录图 1-10　默认实例

(7)如附录图1-11所示,选择"使用内置系统账户",然后点击"下一步"。

附录图1-11　选择"使用内置系统账户"

(8)如附录图1-12所示,默认"Windows 身份验证模式",点击"下一步"。

附录图1-12　默认"Windows 身份验证模式"

（9）如附录图1-13所示，默认"排序规则设置"，点击"下一步"。

附录图1-13 默认"排序规则设置"

（10）如附录图1-14所示，默认"错误和使用情况设置"，点击"下一步"。

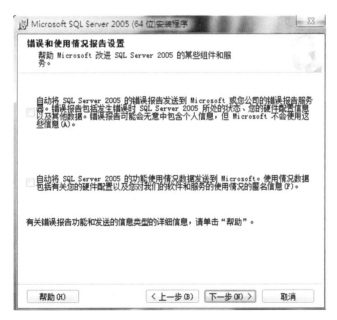

附录图1-14 默认"错误和使用情况设置"

智能楼宇视频监控技术

（11）如附录图1-15所示，点击"安装"按钮。

附录图1-15　点击"安装"按钮

（12）如附录图1-16所示，等待安装进度。安装完成后，点击"下一步"。

附录图1-16　等待安装进度

（13）如附录图1-17所示，点击"完成"，SQL Server 2005安装完成。

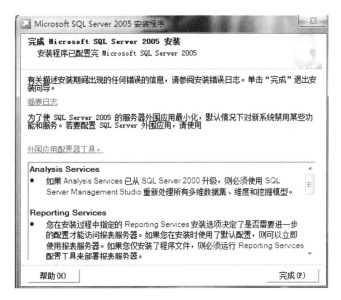

附录图1-17　SQL Server 2005安装完成

五、SQL Server数据库的配置

SQL Server 2005安装完成后，需要进行适当的配置，才能使"SQL Server身份验证"的sa用户可以正常使用；否则，门禁软件数据库管理系统连接SQL Server 2005数据库时，会出现"sa用户登录失败"的提示。下面进行SQL Server 2005身份验证登录的简单配置。

（1）如附录图1-18所示，"开始"→"Microsoft SQL Server 2005"→"配置工具"。

附录图1-18　配置工具

智能楼宇视频监控技术

（2）如附录图1-19所示，打开"SQL Server Configuration Manager"进行SQL Server配置管理器（本地），选择要启动的服务"SQL Server（MSSQLSERVER）"，服务类型SQL Server，然后右键"启动"。如果要更改启动模式，右键后选择"属性"→"服务"→"启动"模式，这样就完成了服务启动。

附录图1-19　完成服务启动

（3）以管理员身份登录服务器。安装SQL Server 2005后，一般是以windows身份认证的形式登录的。如附录图1-20所示，"开始"→"Microsoft SQL Server 2005"→"SQL Server Management Studio"，选择右键，以管理身份运行；否则登录失败，也创建不了数据库。

附录图1-20　以管理员身份登录服务器

（4）如附录图1-21所示，展开左边服务器znly-pc树形框，选择"安全性\登录名\sa"，右键点击，选择"属性"。

150

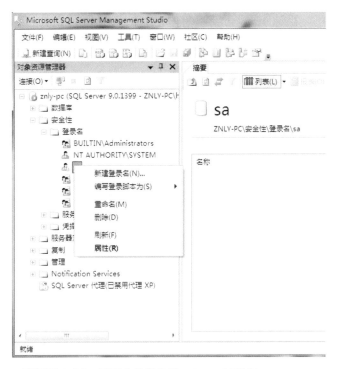

附录图1-21 展开左边服务器znly-pc树形框

（5）如附录图1-22所示,将"强制实施密码策略"前面的钩去掉,密码和确认密码均为sa（可以随意设定）。

附录图1-22 设置密码

智能楼宇视频监控技术

（6）如附录图1-23所示，点击左上角的"状态"选项，在"登录"那里选择"启用"，然后点击"确定"按钮。

附录图1-23　在"登录"那里选择"启用"

（7）如附录图1-24所示，选择左边树形框服务器znly-pc，右键点击，选择"属性"。

附录图1-24　选择左边树形框服务器znly-pc

152

（8）如附录图1-25所示，点击左边"安全性"选项，选中右边"SQL Server和Windows身份验证模式"，点击"确定"。

附录图1-25 选中右边"SQL Server和Windows身份验证模式"

（9）如附录图1-26所示，在弹出的对话框中，重启SQL Server后生效，点击"确定"。

附录图1-26 重启SQL Server后生效

（10）如附录图1-27所示，重新启动SQL Server Management Studio，选择"SQL Server身份验证"，并输入用户名和密码均为sa后，点击"连接"按钮。

附录图1-27 点击"连接"按钮

（11）如附录图 1-28 所示，如果无法连接服务器，出现连接失败的提示。则继续使用"Windows 身份验证"模式连接服务器，右键点击服务器名称，选择"重新启动"，启动完成后关闭 SQL Server Management Studio，再重复第 10 步操作。

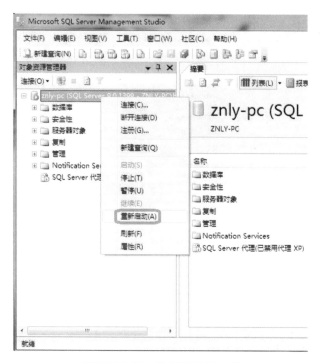

附录图 1-28　选择"重新启动"

（12）如附录图 1-29 所示，打开"开始"→"程序"→"Microsoft SQL Scrver 2005"→"配置工具"→"SQL Server 外围应用配置器"，选择"服务和链接的外围应用配置"。

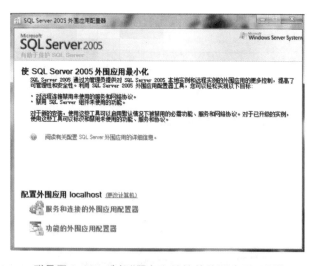

附录图 1-29　选择"服务和链接的外围应用配置"

（13）如附录图1-30所示，选择"MSSQLSERVER"→"Database Engine"→"远程连接"，连接方式改为"本地连接和远程连接""同时使用TCP/IP和named pipes（R）"。

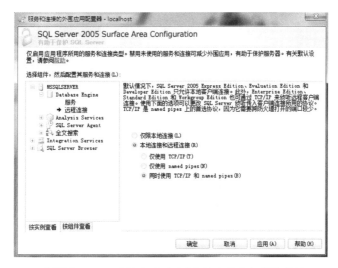

附录图1-30 连接方式改为"本地连接和远程连接"

（14）如附录图1-31所示，全部属性改完后关闭SQL Server Management Studio，再重新启动。

附录图1-31 全部属性改完后关闭SQL Server Management Studio

六、系统软件与SQL Server 2005数据库的连接

（1）如附录图1-32所示，为"一卡通管理软件"附加数据库，点击数据库右键"附加"。

附录图1-32　附加数据库

（2）如附录图1-33所示，在弹出的窗口中选择"添加"按钮，找到"一卡通管理软件"数据库原文件"xn_mk mdf"，附加数据库名称"xn_mk"。

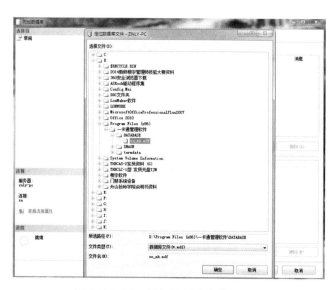

附录图1-33　附加数据库名称 xn_mk

（3）如附录图1-34所示，点击"确定"按钮。

附录图 1-34　点击"确定"按钮

（4）如附录图 1-35 所示，成功附加"xn_mk"数据库。

附录图 1-35　成功附加"xn_mk"数据库

 练一练

一、填空题

1. SQL Serve数据库是一种_____数据库系统，它最初是由_____、_____和_____三家公司共同开发的。

2. IIS是_____的缩写，意为_____，是由微软公司提供的基于运行Microsoft Windows的互联网基本服务。

3. IIS是一种Web(网页)服务组件,其中包括Web服务器、_____服务器、_____服务器和_____服务器,分别用于网页浏览、文件传输、新闻服务和邮件发送等方面。

二、简答题

1. 简述SQL Serve数据库的特点。

2. 简述SQL Server与Windows IIS 7.0有什么关系,如何进行Windows IIS 7.0的检测。

3. 简述SQL Serve 2005数据库如何进行配置。

参考文献

[1]芦乙蓬．视频监控与安防技术[M]．北京:中国劳动社会保障出版社,2013.

[2]吕景泉．楼宇智能化系统安装与调试[M].北京:中国铁道出版社,2011.

[3]赵渊明．视频安防监控操作[M]．北京:中国劳动社会保障出版社,2017.

[4]张玲,刘蕊．安全防范技术与应用[M]．北京:机械工业出版社,2014.

[5]HCSA培训教材5.0[M]．杭州:杭州海康威视数字技术股份有限公司,2017.

[6]海康威视网络摄像机操作手册V5.5[M]．杭州:杭州海康威视数字技术股份有限公司,
2017.

[7]海康威视网络高清智能球操作手册V5.4.24[M]．杭州:杭州海康威视数字技术股份有限
公司,2017.

[8]硬盘录像机K系列快速操作指南V4.1.10[Z]．杭州:杭州海康威视数字技术股份有限公
司,2017.

[9]iVMS-4200用户手册[M]．杭州:杭州海康威视数字技术股份有限公司,2017.

[10]萤石工作室安装使用操作指南[Z]．杭州:杭州海康威视数字技术股份有限公司,2017.

[11]车辆识别管理系统安装使用说明书[Z]．杭州:杭州博志科技有限公司,2019.

[12]人脸识别管理系统安装使用说明书[Z]．杭州:杭州博志科技有限公司,2019.